定理証明手習い

原書 The Little Prover
著者 Daniel P. Friedman and Carl Eastlund
監訳 中野圭介

THE LITTLE PROVER

by
Daniel P. Friedman and Carl Eastlund

©2015 by Massachusetts Institute of Technology

Japanese translation published by arrangement with The MIT Press through The English Agency (Japan) Ltd.

本書は「著作権法」によって権利が保護されている著作物です。
本書中の会社名や製品名は該当する各社の商標または登録商標です。

Mary、Robert、Shannon、Rachel、Sara、
Samantha、Brooklyn、Chase、Aria、
そしてBrian（1969〜1993）の思い出に。

母さん、父さん、Sharon、Paul Ragnar、
Grace、Claire、Paul Duncan、
そしてRuthに。

目次

監訳者序文　vii

序文　ix

はじめに　xi

1. いつものゲームに新しいルールを　2　　　例　169
2. もう少し、いつものゲームを　14　　　例　170
3. 名前に何が？　32　　　証明　170
4. これが完全なる朝食　42　　　証明　171
5. 何回も何回も何回も考えよう　58　　　証明　172
6. 最後まで考え抜くのです　76　　　証明　174
7. びっくりスター！　86　　　証明　175
8. これがルールです　102　　　証明　178
9. ルールを変えるには　110　　　証明　178
10. いつかはスターで一直線　130　　　証明　181

A. 放課後　152

B. デザートには証明を　168

C. 小さなお手伝い　186

D. 休んでなんていられない？　208

あとがき　211

索引　213

監訳者序文

　そのプログラム、本当に正しいですか？　――　ここで、「正しい」というのはプログラムの書いた人やプログラムを使う人の意図どおりに動くことを指すことにしましょう。こんな質問をすると、「何万通りの入力でテストしたから問題はない」とか「複数人で何十回もコードレビューをしたから間違いはない」といった回答を返されるかもしれませんが、それで本当に正しいといえるでしょうか。入力の可能性は無限にありますし、何十回読んでもすべての間違いを発見するのは難しいでしょう。

　本書は、そんなプログラムの正しさを証明するための入門書 "The Little Prover" の日本語版です。とはいっても、本書一冊では、世の中の実用的なプログラムの正しさを証明するところまでは残念ながら説明しきれません。ここで紹介されるのは、証明の基礎となるほんの一部です。それでも、入力の可能性が無限にあるときにどう扱うのか、また、それを解決するための帰納法とは何かなど、プログラムの正しさを証明するための基本的な内容を学習することができます。この本の親切なところは簡単なプログラムから丁寧に順を追って説明しているところです。証明に関する本でありながら、第3章まで「証明」という言葉は1回しか登場しません。

　本書は、LISP や Scheme を初学者向けにわかりやすく解説した名著 "The Little LISPer" や "The Little Schemer"（邦題『Scheme手習い』）と同じ形式で、定理証明の説明を進めています。これらの書籍と同様に、難しい数学や論理学の知識は仮定していませんが、LISP や Scheme による簡単なプログラムを読み書きできることを前提としています。つまり、これらの言語特有のアトムやコンスといった概念、そして単純な再帰関数を書いたことがあることが必要です。目安としては、たとえば「与えられた引数がコンスによるリストの形であるかを判定する関数 list? を定義してください」と言われて、文法や記法に関するカンニングをしながらでも書ける程度であれば読み進められると思います（この答えは第4章の 55 コマめ（50ページ）にあります）。どうしたらよいのか全然見当がつかない、という方は、本書の前に『Scheme手習い』を読むことをお勧めします。

　本書における定理の証明は、定理を表す主張に対して等価な式変形を繰り返して 't（真を表す値）にできることによって示すという、明解な方法で説明されています。本書を後半のほうまで読み進めていくと、式の変形が追いきれなくなったり、自分でも違う証明をしてみたくなったりするかもしれません。そんな読者の方に

は、本書と連携している J-Bob を使って手を動かしながら読み進めることをお勧めします。より進んだ内容を証明したくなったら、本格的な定理証明支援系である ACL2 に進むのもよいと思いますし、Coq、Agda、Isabelle/HOL といった、まったく別の証明支援系に挑戦するのもよいでしょう、私なら迷わず Coq をお勧めしますが、好きなものをお選びください[†1]。

最後に、監訳の機会を与えてくださった訳者の鹿野桂一郎さんと編集を担当してくださった高尾智絵さんに深く感謝いたします。

2017 年 10 月

中野圭介

[†1] ［訳注］Coq は 2025 年に Rocq Prover に改名される予定です。また 2025 年時点では、著名な数学者らが注目する Lean という選択肢もあります。(2 刷にて追補)

序文

　1971年、Bob Boyerと私は、プログラミング言語Lisp向けの自動定理証明器の研究に着手した。下記は1973年の私のPhDの学位論文からの引用である。

> 本論文では、純Lispのサブセットで記述された関数についての数多くの興味深い定理に対し帰納的証明を与えることが可能な自動定理証明器について記述する。この証明器は、優れたプログラマが直観的に把握するような方法で定理を証明するようにプログラムされている。プログラムの性質を証明するという観点から、この証明器にはほかのシステムとは一線を画する部分がある。それは、この証明器が完全に自動化されているという点であり、Lispでの関数定義と証明すべき定理について以外、利用者に対して事前知識を要求しない。必要に応じて構造的帰納法を自動的に適用し、その帰納法に必要な論理式を自動的に生成する。場合によっては証明すべき定理を一般化し、その際に興味深い補題を「発見」することもある。さらに、定理を適切に一般化するための補助となる再帰的なLispの関数を新たに書き出すことも可能である。

　関数やプログラムの振る舞いを記述するための数理論理学とはどのようなものだろうか？「定理」とは何であろうか？ 定理をどうやって「証明」するのだろうか？「自動定理証明器」とは何か？「帰納」、「一般化」、「補題」といった数学用語がプログラムの「正しさ」にどう関係するのか？ どのようにして「プログラマの直観」が数学の世界に介入できるのか？ 自分自身を呼び出すのに循環しないプログラムをどうやって考えればいいのか？

　自動定理証明器を書き始めたときに、Bobと私に課されていたのは、こうした疑問に答えることだった。私たちが出した答えは、それから40年経ってからも進化を続け、現在ではACL2へと結実している。ACL2こそが、上述した定理証明器の直系かつ「現役」の子孫である。

　しかしながら、私たちのコードには学習者にとって十分なドキュメントも付いているが、上記のような疑問に対する答えのすべてが明記されているわけではない。何かをする方法を学ぶときに最良の手段は、往々にして、座して実際に試してみることである。

試してみるとはいっても、そこには2つの壁がある。どちらの壁も、数理論理学が絡む場合には特に大きな壁となる。まず、「ゲームのルール」を理解しなければならない。「証明」したことが本当に真であるかどうかは、ルールと、ルールに適切に従うことによって保証される。次に、ルールの内容をすべて正確に覚えていなければならない。何かミスをおかせば、本当は真ではないことを真であると勘違いしてしまうかもしれない。

　これらの壁は、この小さくてかわいらしい本と、そこに登場する小さくてかわいらしい証明支援系によって乗り越えられる。本書そのものは、この分野の背景となる数学への格好の入門だ。本書における「ルール」の説明はプログラマ向けになっている。証明支援系のほうは、ルールの徹底に役立つ。この証明支援系は、私が作った「自動定理証明器」とは違って、ルールの徹底だけでなく利用しながら学習もできるように設計されている。

　要するに、この証明支援器によって確かめられるのは、「論理式」が確かに論理式であり、「証明」が確かに証明であることだ。しかし、それを使うのは聡明な読者の方々である。はてさて、あなたなら何を証明する？

J Strother Moore
Austin, Texas

はじめに

　ある言明が**真**であるとは、どういう意味でしょう？ 言明によっては、妥当性を直接調べることが可能です。目の前のオムレツがおいしいかどうかは、食べてみればわかりますよね。ところが、それによって正確な答えが得られるわけではありません。「おいしい」オムレツとは、どんな味わいであるべきでしょうか？「オムレツ」と呼んでいいのは、どんな卵料理なのでしょうか？ 食べてみておいしかったとしても、そのときに食べたオムレツがおいしかったとしか言えません。オムレツをいくつ味わってみても、すべてのオムレツがおいしいかどうかは決してわからないのです。

　ある言明が再帰的な関数について真であるとは、どういう意味でしょう？ 個々のケースについては簡単に調べられます。(reverse (reverse '(1 2))) を評価すれば、まさに期待どおりに '(1 2) が得られます。そのうえ、再帰的な関数はいくつかのベタな規則に従って評価されます。ありがたいことに、そうした規則の多くは単純なものです。おかげで、より一般化された問題にも答えられるようになります。いまの例でいえば、(reverse (reverse x)) がどんなリストについても x になるか、という問題を考えられるわけです。式を評価しなくても、あるいは x の具体的な値がわからなくても、この問題に答えられるのです。

　本書の目標は、帰納法を使うことで再帰的な関数についての事実を明らかにする方法を読者に知ってもらうことです。再帰的な関数やリストといったプログラミングにおける概念から始めて、帰納的な証明を最短コースで学んでもらいます。「(reverse (reverse x)) がどんなリストについても常に x になるか」といった単純な性質の検証に必要なことはすべてお伝えします。ただし、この例題については読者への宿題にしておきます。

　本書を読むうえでは、リスト上の再帰的な関数を読んだり書いたり評価したりできれば十分です。論理学も四則演算以上の数学も前提知識にはしていません。できるだけ単純なプログラミングの概念だけを使って説明しています。

謝辞

　本書に貢献してくれた大勢の人たちに感謝します。このシリーズでは、Dorai Sitaram による組版プログラム SLATEX を使っています。ACL2 の論理の根幹となる部分では、Jared Davis の博士論文において提案された定理証明支援系 Milawa を大

いに参考にしました。

ACL2を用いたdethmの実装は、Pete ManoliosとMatt Kaufmannに手伝っていただきました。J MooreとBob Boyerによる定理証明に関する一連の研究にも感謝します。本書で利用する手ごろな定理証明支援系には、彼らにちなんでJ-Bobという名前を付けました。

筆者らを指導し、鼓舞してくれたWill Byrd、Matthias Felleisen、Bob Filman、George Springer、Mitch Wandに感謝します。筆者らの関係を取り持ってくれたMatthiasには、特に感謝いたします。

Adam Foltzer、Ron Garcia、Amr Sabry、Christian Urban、Yin Wangをはじめ、初期のころから親切に手助けしてくれた支援者のみなさん、ありがとうございます。本書のドラフトとJ-Bobの実装に対して無尽蔵の貢献とフィードバックをくれたJason Hemannに感謝します。本書のドラフトに対してフィードバックをくれたDaniel Brady、Will Byrd、Kyle Carter、Josh Cox、Jim Duey、Matthias Felleisen、Bob Filman、Adam Foltzer、Ron Garcia、Jaime Guerrero、Jason Hemann、Joe Hendrix、Andrew Kent、J Moore、Joe Near、Rex Page、Paul Snively、Vincent St-Amour、Dylan Thurston、Christian Urban、Dale Vaillaincourt、Michael Vanier、Dave Yruetaに感謝します。

イラストを描いてくれたDuane Bibbyには、その発想力と、ぎりぎりまで筆者らの要望に辛抱強く応えてくれたことに感謝します。本書を最終的な形にするうえで筆者らを手伝ってくれた編集者のMarie Lufkin Leeにも感謝します。

筆者らの作業の大半はBloomingtonで行いました。何度も訪問したBloomingtonの滞在先のみなさんにも感謝します。親友であるKatie EdmondsとSam Tobin-Hochstadtは、いつだったかBloomingtonを訪れたときに暖かく歓迎してもらいました。ありがとうございます。その1回を除いて、Bloomingtonへの訪問でいつもお世話になったのは、Mary Friedmanです。彼女には、度重なる延期と筆者らの相談にも慈悲深くお付き合いいただき、節目節目で本書を見守っていただきました。本当にありがとうございます。

記法について

本書では、式を書き表すのに、変数、クォートされたリテラル、if式、関数適用を備えた言語を用いています。関数には、ユーザ定義関数（再帰的な関数の場合もあります）のほか、9つの組み込みの関数も含まれます。

変数の名前は、1字以上の文字で構成されます。変数の名前として使える文字は、アルファベット、数字、大半の記号です。使えない記号としては、丸カッコ（()）とアポストロフィ（'）があります。x、+、variable-name1 などが変数の例です。

クォートされたリテラルというのは、先頭がクォート記号（' で表します）で始まるもので、'banana のような単一の「シンボル」、'12 のような自然数、'() や '(a glass of orange juice) や '(bacon with 2 eggs) のようなリストです。リストはいくらでも入れ子にできて、'((3 slices of toast) or (1 bagel with cream cheese)) のようなものが可能です。

if 式は、3つの部分で構成されます。具体的には、Question 部、Answer 部、Else 部です。(if sleepy 'coffee '(orange juice)) は、sleepy が 't なら 'coffee、sleepy が 'nil なら '(orange juice) です。

関数適用は、関数の名前および0個以上の引数で構成されます。(cons x '(with hash browns))、(f x (g y z))、(do-something) などが関数適用の例です。

9つの組み込み関数というのは、cons、car、cdr、atom、equal、natp、size、+、< です。cons は、リストの先頭に要素を追加します。car は、空でないリストの先頭の要素を返します。cdr は、空でないリストから、先頭の要素を除いた末尾を返します。atom は、空でないリストに対しては 't を、それ以外のものに対しては 'nil を返します。equal は、2つの引数が同一の値を持っているなら 't を、そうでなければ 'nil を返します。natp は、引数が自然数なら 't を、そうでなければ 'nil を返します。size は、値を組み立てるのに必要な cons の数を数えます。+ は、2つの自然数を足し合わせます。< は、1つめの引数が2つめの引数より小さかったら 't を返し、それ以外の場合は 'nil を返します。

ユーザ定義関数を書き表すには defun を使います。関数の名前、引数の名前のリスト、関数の本体となる式で構成されます。関数の定義は再帰的にすることもできます。

```
(defun list-length (xs)
  (if (atom xs)
      '0
      (+ '1 (list-length (cdr xs)))))
```

第1章では定理が登場します。定理は dethm で定義します。関数と同じように、定理の定義は、定理の名前、引数の名前のリスト、本体となる式で構成されます。式からは定理を参照できないので、定理を再帰的に定義することはできません。

```
(dethm natp/list-length (xs)
  (natp (list-length xs)))
```

読者へのガイド

「自分で動かしながら楽しみたい」という読者のために、J-Bobという簡素な定理証明支援系を用意してあります。J-Bobは、本書で証明する定理と同じ言語で定義されています。J-Bobは、定理を証明しようというときに、その各ステップを確認できるようなプログラムです。各ステップの処理に関与することはありません。付録A「放課後」ではJ-Bobの解説を、付録B「デザートには証明を」では本書のすべての例題の完全なコードとJ-Bobによる証明を掲載しています。さらに、付録C「小さな定理証明支援系」では、J-Bobの実装を掲載しています。複数の言語に対応したJ-Bobと、前述のすべての証明は、https://the-little-prover.github.io/ からダウンロードできます。

本書にはたくさんの食べ物が登場しますが、これには２つの理由があります。まず、食べ物は、抽象的な記号よりも簡単に想像できます（とはいえ、本書にはxみたいな抽象的な記号もたくさん出てきます）。食べ物を例に使うことで、本書に出てくる例題や概念の理解が少しでも楽になれば幸いです。もう１つの理由は、多少の気晴らしがあったほうがいいと思ったからです。本書の内容を理解するのは、かなり大変でしょう。朝食のメニューで元気をつけてください。本書に出てくる食べ物が気になって、ときどき何かを口にしてもらえたらうれしいです。

それでは始めましょう。ぜひ本書を楽しんでください！

では召し上がれ！

Daniel P. Friedman
Bloomington, Indiana

Carl Eastlund
Brooklyn, New York

定理証明手習い

1
いつものゲームに新しいルールを

ごきげんよう！	① かしこまって、どうしたんですか？
私の「ごきげんよう」は、「こんにちは」や「おはよう」くらいの意味ですよ†1。	② おはようございます。
『Scheme 手習い』を読んだことは？	③ 'nil
なるほど。『LISP 手習い』を読んだんですね。	④ ええ、まあ……。
「偉大なる Cons」のことは覚えてますか？	⑤ もちろん†2。
(car (cons 'ham '(eggs))) は何と等しいですか？	⑥ 'ham です†3。
そのとおり。 でも、(car (cons 'ham '(cheese))) とか、(car (cdr (cons 'eggs '(ham)))) とか、(car (cons (car '(ham)) '(eggs))) とか、そんな答えもありえますね。	⑦ 変な答えですね。
次の式はどんな**値**と等しいですか？ (car (cons 'ham '(eggs)))	⑧ 簡単簡単。 'ham †4
そのとおり。	⑨ ほかにも等しい値はありますか？

---

†1 「ごきげんよう！」("Salutations!") は、『シャーロットのおくりもの』(E. B. White (1899〜1985)) に出てくる蜘蛛のシャーロットのお気に入りの挨拶です。
†2 覚えていないなら、この先を読む前に、再帰に慣れておきましょう。
†3 この本では、値をすべて式として表します。その際には、「'」という記号を使って、**クォート**されたリテラル値として表します。式の外にある値を使って表すことはありません。
†4 ある式を、その式と等しい別のものに書き換えるときは、こんなふうに左右に並べて書きます。そのときには大きな式でも収まるように小さめのフォントを使います。

いいえ。式は、1つの値としか等しくありません。	⑩ 値といえば1つなんですね。
次の式の値は何になりますか？ (atom '())	⑪ これも簡単。 't
次の式の値は何ですか？ (cons a b)	⑫ a と b が何なのか、知りません。
ということは、(cons a b) には値がないということでしょうか？	⑬ a と b が何なのかがわからないと、(cons a b) の値が何かもわかりません。
次の式の値ならわかりますか？ (atom (cons 'ham '(eggs)))	⑭ もちろん。 'nil
次の式はどうですか？ (atom (cons a b))	⑮ やっぱり、a と b が何なのかわかりません。
それでも、この式の値ならわかりますよ。もう一度、考えてみてください。次の式の値は何ですか？ (atom (cons a b))	⑯ 'nil です。 　なぜなら、a と b がどんな値でも、cons でアトムができることはないからです。 'nil
次の式には値がありますか？ (equal 'flapjack (atom (cons a b)))	⑰ えーと、(atom (cons a b)) が 'nil に等しい、ということまではわかっています。

そのことを、どう使えばよいでしょうか？	⑱	(atom (cons a b))自体を'nilで置き換えられるということは、(equal 'flapjack (atom (cons a b)))の中にある(atom (cons a b))を'nilで置き換えてもよいということですよね。
つまり、外側のequal式に囲まれた(atom (cons a b))に注目しようというわけですね。注目する部分を**フォーカス**、その外側の部分を**文脈**と呼びます[†5]。 (equal 'flapjack (atom (cons a b)))	⑲	つまり、フォーカスをこんなふうに'nilで置き換える、ということですね。 (equal 'flapjack 'nil)
そうです。そうすると、(equal 'flapjack 'nil)の値は何になりますか？ (equal 'flapjack 'nil)	⑳	'nilです。 　　当然です。 'nil
(equal 'flapjack (atom (cons a b)))の値は何になりますか？	㉑	'nilですね。 　　さっき見たとおりです。
(equal 'flapjack (atom (cons a b)))から'nilを得るまでに、何ステップかかりましたか？	㉒	2ステップです。
1つめのステップは？	㉓	1つめのステップで、フォーカス(atom (cons a b))が'nilと等しくなります。
式全体は何ですか？	㉔	(equal 'flapjack (atom (cons a b)))
式全体の中で、フォーカスはどこにありますか？	㉕	equalの2つめの引数にあります。

[†5] この本では、フォーカスを黒、それを囲む文脈を青で示します。

2つめのステップは？	㉖ 2つめのステップで、式全体が'nilに等しくなります。
式全体でどこがフォーカスですか？	㉗ 「式全体が」フォーカスです。
次の式の値は何ですか？ (atom (cdr (cons (car (cons p q)) '())))	㉘ pとqが何だかわかりませんが、それでも値はわかりそうです。
1つめのステップは？ (atom (cdr (cons (car (cons p q)) '())))	㉙ (cons p q)のcarは、pとqが何であれ、常にpと等しくなります。 (atom (cdr (cons p '())))
2つめのステップは？ (atom (cdr (cons p '())))	㉚ (cons p '())のcdrは、当然、pが何であれ常に'()です。 (atom '())
結局、どうなりますか？ (atom '())	㉛ (atom '())は'tです。 't
3ステップかかりましたね。ステップ数をもっと減らせるでしょうか？	㉜ やってみます。
何から手をつけましょうか？ (atom (cdr (cons (car (cons p q)) '())))	㉝ (cons (car (cons p q)) '())のcdrは、pとqが何であれ、常に'()と等しくなります。 (atom '())

このステップは前にやりましたね。 `(atom '())`	㉞ というわけで、おしまいです。 `'t`
公理をいくつ使ったでしょうか？	㉟ 公理って何ですか？
真であると想定した基本的な仮定のことを、**公理**といいます。たとえば、`(atom (cons x y))` は常に `'nil` と等しい、と仮定します。また、`(car (cons x y))` は常に x と等しい、とも仮定します。さらに、`(cdr (cons (car (cons x y)) '()))` は常に `'()` と等しい、とも仮定します。最後に、`(cdr (cons x '()))` は常に `'()` と等しい、とも仮定します。	㊱ ということは、使った公理は4つですね。
3つめと4つめの仮定を、もっと一般的な言い方にできるでしょうか？	㊲ できます。 「`(cons x y)` の cdr は、常に y と等しい。」 ということは、使った公理は3つだけ、ということになりますか？
そうですね。これまでに登場した公理をまとめておきましょうか？	㊳ はい、ぜひ。

Cons の公理（最初のバージョン）

```
(dethm atom/cons (x y)
  (equal (atom (cons x y)) 'nil))
```

```
(dethm car/cons (x y)
  (equal (car (cons x y)) x))
```

```
(dethm cdr/cons (x y)
  (equal (cdr (cons x y)) y))
```

公理に名前を付けておきました。これで、これから何回でも使いまわせますよ。	㊴ dethm って何でしょうか？

⁜40 定理って何でしょうか？	define theorem、つまり、「定理を定義する」という意味です。
⁜41 公理と定理は何か違うのですか？	**定理**とは、常に真となる式のことです。dethmで定理を定義するときは、式の中で使う変数も一覧するようにします。
⁜42 equalの意味は何ですか？	公理は、真であるものと想定する定理です。公理でない定理は、すべて、真であるかどうか証明が必要です。
⁜43 equalは関数で、2つの値が等しいかどうかを返します。次の式の値は何でしょうか？ `(equal 'eggs '(ham))`	'nilですね。'eggsは'(ham)ではありませんから。 `'nil`

⁜44 そのとおり。次の式の値は何でしょうか。
 	
`(car`
`  (cons (equal (cons x y) (cons x y))`
`    '(and crumpets)))`
	`(car (cons 't '(and crumpets)))`と同じ値です。(cons x y)は、xとyが何であっても、常に(cons x y)と等しいので。
	
	`(car`
	`  (cons 't`
	`    '(and crumpets)))`

⁜45 その次の2つめのステップは簡単ですね。 `(car (cons 't '(and crumpets)))`	楽勝です！ `(car '(t and crumpets))`
⁜46 この式は定理なのでしょうか？ `(car '(t and crumpets))`	わかりませんが、とにかく't です。 `'t`
⁜47 次の式の値は何ですか？ `(equal (cons x y) (cons 'bagels '(and lox)))`	わかりません。xとyの値によります。

この式は、どんな式と等しいでしょうか？

`(equal (cons x y) (cons 'bagels '(and lox)))`

[48] たぶん、等しい式なら無数にあります。

---

equalの引数の順番に意味はありそうですか？

`(equal (cons x y) (cons 'bagels '(and lox)))`

[49] ありません。

`(cons x y)` が `(cons 'bagels '(and lox))` と等しいことと同じように、`(cons 'bagels '(and lox))` は `(cons x y)` と等しいです。

`(equal (cons 'bagels '(and lox)) (cons x y))`

そうそう、そのとおり。

[50] どうやら新しい公理を手に入れたようですね。

Equalの公理（最初のバージョン）

```
(dethm equal-same (x)
  (equal (equal x x) 't))
```

```
(dethm equal-swap (x y)
  (equal (equal x y) (equal y x)))
```

---

equal-swapには、これまでに登場した公理と比べると、ちょっと違うところがあります。どこでしょう？

[51] これまでに出てきた公理では、外側のequalの2つめの引数のほうが1つめの引数よりも短くなっていました。equal-swapでは、外側のequalのどちらの引数も、もう1つの引数より短くなっているわけではありません。

それは、重要なことでしょうか？

[52] はい、そう思います。

間違いではありません。公理には、式を単純にできるという利点があります。しかし、equal-swapが真であるということは、公理を反対向きに書いても意味は変わらない、ということなのです。

[53] なんですって？

54	
car/consの公理によると、次のフォーカスは何と等しいですか？	(cons (cdr x) (car y))のcarは(cdr x)です。

``
(cons y
  (equal (car (cons (cdr x) (car y)))
    (equal (atom x) 'nil)))
``
	``
	(cons y
	  (equal (cdr x)
	    (equal (atom x) 'nil)))
	``

55	
car/consの公理から、このフォーカスが等しくなるものがほかにありますか？「〜と等しい」を反対向きにしてもかまわなかったことを思い出してください。	この場合、car/consの公理によって、(car (cons (cdr x) (car y)))はたくさんのものと等しくなりますね。たとえば次のフォーカスなどです。

``
(cons y
  (equal (car (cons (cdr x) (car y)))
    (equal (atom x) 'nil)))
``
	``
	(cons y
	  (equal (car (cons
	              (car (cons (cdr x) (car y)))
	              '(oats)))
	    (equal (atom x) 'nil)))
	``

56	
ここでatom/consの公理を使えますか？	はい、atom/consの公理を使って'nilをいろいろ別の式に置き換えられます。

``
(cons y
  (equal (car (cons (car (cons (cdr x) (car y)))
              '(oats)))
    (equal (atom x)
      'nil)))
``
	``
	(cons y
	  (equal (car (cons (car (cons (cdr x) (car y)))
	              '(oats)))
	    (equal (atom x)
	      (atom
	        (cons (atom (cdr (cons a b))
	          (equal (cons a b) c)))))))
	``

57	
次のフォーカスは何と等しいですか？	cdr/consの公理により、bと等しくなります。

``
(cons y
  (equal (car (cons (car (cons (cdr x) (car y)))
              '(oats)))
    (equal (atom x)
      (atom
        (cons (atom (cdr (cons a b)))
          (equal (cons a b) c))))))
``
	``
	(cons y
	  (equal (car (cons (car (cons (cdr x) (car y)))
	              '(oats)))
	    (equal (atom x)
	      (atom
	        (cons (atom b)
	          (equal (cons a b) c))))))
	``

58	
54コマめ以降の例で、まだ使っていない公理はありますか？	はい。equal-sameとequal-swapはまだ使っていません。

そのうちのどちらかを、この部分で使えますか？

```
(cons y
  (equal (car (cons (car (cons (cdr x) (car y)))
             '(oats)))
         (equal (atom x)
                (atom
                  (cons (atom b)
                    (equal (cons a b) c))))))
```

⑤⑨ はい。equal-swap が使えます。

```
(cons y
  (equal (car (cons (car (cons (cdr x) (car y)))
             '(oats)))
         (equal (atom x)
                (atom
                  (cons (atom b)
                    (equal c (cons a b))))))))
```

結局この式全体の値は何になりますか？

```
(cons y
  (equal (car (cons (car (cons (cdr x) (car y)))
             '(oats)))
         (equal (atom x)
                (atom
                  (cons (atom b)
                    (equal c (cons a b))))))))
```

⑥⓪ 面白い質問ですね。答えはわかりませんが、ここまでの式変形は楽しかったです！

Dethm の法則（最初のバージョン）

任意の定理 (dethm name $(x_1 \ldots x_n)$ $body_x$) について、$body_x$ の中に出てくる変数 $x_1 \ldots x_n$ は、対応する式 $e_1 \ldots e_n$ で置き換えることができる。このとき、置き換えた結果である $body_e$ が (equal p q) または (equal q p) ならば、フォーカス p を書き換えて q にすることができる。

いくつか例を見ながら考えてみましょう。car/cons の公理において、Dethm の法則における name、x_1、x_2、$body_x$ はそれぞれ何に相当するでしょう？

```
(dethm car/cons (x y)
  (equal (car (cons x y)) x))
```

⑥① 公理の name は car/cons、x_1 と x_2 はそれぞれ x と y、$body_x$ は (equal (car (cons x y)) x) です。

62 次のフォーカスを、car/cons の公理を使って書き換えるには、Dethm の法則における e_1 および e_2 として、それぞれどんな式を使えばよいでしょうか？ `(atom (car (cons (car a) (cdr b))))`	e_1 として (car a)、e_2 として (cdr b) を使えばよさそうです。
63 その場合、Dethm の法則において先ほどの $body_x$ を使うと、$body_e$ はどうなりますか？	x を (car a) で置き換えて、 y を (cdr b) で置き換えれば、 $body_e$ は (equal (car (cons (car a) (cdr b))) (car a)) になります。
64 p と q はどうですか？ `(atom (car (cons (car a) (cdr b))))`	$body_e$ がわかっているので、p は (car (cons (car a) (cdr b)))、q は (car a) だとわかります。左の式のフォーカスは p なので、q で置き換えればよさそうですね。 `(atom (car a))`
65 55 コマめから 59 コマめまでを、もう一度、今度は Dethm の法則を使ってやり直してみましょう。	めんどくさそうですね。
66 めんどくさいので、J-Bob というアシスタントを用意しました。	ジェイ・ボブ？　誰ですか？
67 J-Bob です。J-Bob は、ある式を別の式に書き換えるのを手助けしてくれるプログラムです。J-Bob は、すべての公理と Dethm の法則を「知って」います。そして、細かい部分で何も間違いが起きないようにしてくれるのです。	J-Bob は頼りになりそうですね。
68 J-Bob には 153 ページで会えます。169 ページでは、J-Bob と一緒に、この章で見た例をすべて試せます。	この先を読み進める前に J-Bob に会っておかないとだめですか？

そんなことはありません。ただし、先へ進むほど、J-Bobが役に立ってくれるはずですよ。	⑲ そのうちきっと会いに行きます。
それがいいでしょう。出かける前には、おいしい朝食を二人分とって、元気をつけておいたほうがいいですね。	⑳ そうですね。

2
もう少し、いつものゲームを

次の式でフォーカスが「明らかに」等しいのは何でしょう？
 	
`(if (car (cons a b))`
`    c`
`    c)`
	① aです。なぜなら、(cons a b)のcarは常にaだからです。
	
	`(if a`
	`    c`
	`    c)`

その明らかな事実を教えてくれる公理とは？	② car/consの公理です。簡単です。

次の式が「明らかに」等しいのは何でしょうか？
 	
`(if a`
`    c`
`    c)`
	③ このif式の結果は、aには関係なくcになります。なので、この式はcと等しいのだと思います。でも、そのことを教えてくれる公理を知りません。

おそらく、公理がもっと必要ですね。	④ あるのなら見せてほしいです。

Ifの公理（最初のバージョン）

```
(dethm if-true (x y)
  (equal (if 't x y) x))
```

```
(dethm if-false (x y)
  (equal (if 'nil x y) y))
```

```
(dethm if-same (x y)
  (equal (if x y y) y))
```

次の式が「明らかに」等しいのは何でしょうか？
 	
`(if a`
`    c`
`    c)`
	⑤ if-sameの公理により、cです。
	
	c

if-sameの公理によってcと等しくなるものは、ほかに何かありますか？	⑥ if式がなくてもif-sameの公理を使えるんですか？

⑦ こんなのはどうでしょうか？

c

```
(if (if (equal a 't)
        (if (equal 'nil 'nil)
            a
            b)
        (equal 'or (cons 'black '(coffee))))
    c
    c)
```

if-sameの公理は左側がif式で右側が変数の等式なので、左側を変数にして右側をif式にしたものも公理と考えてよい「はず」ですよね。ということは、if-sameの公理によってcと等しくなるものに、どんなものがありますか？

⑧ こんなif式はもっとたくさんありますよね。

完璧です！

⑨ if式のAnswer部、Else部、Question部というのは何のことですか？

if式のAnswer部とElse部が同じなら、if式のQuestion部には何を入れてもかまいません。

⑩ なるほど。

どんなif式も、(if Q A E) のように3つの部分からなります。それぞれを**Question部**、**Answer部**、**Else部**といいます。短く、Q、A、Eと呼ぶこともあります。

⑪ '(black coffee)ですね。実際、ブラックコーヒーを飲むと作業にフォーカスできそうです。

その式において、次のフォーカスの値は何になりますか？

```
(if (if (equal a 't)
        (if (equal 'nil 'nil)
            a
            b)
        (equal 'or (cons 'black '(coffee))))
    c
    c)
```

```
(if (if (equal a 't)
        (if (equal 'nil 'nil)
            a
            b)
        (equal 'or '(black coffee)))
    c
    c)
```

12

いちばん内側にある if 式の Question 部を簡単な形にできますか？

```
(if (if (equal a 't)
        (if (equal 'nil 'nil)
            a
            b)
        (equal 'or '(black coffee)))
    c
    c)
```

できます。equal-same の公理を使うとこうなりますよね。

```
(if (if (equal a 't)
        (if 't
            a
            b)
        (equal 'or '(black coffee)))
    c
    c)
```

13

(equal 'nil 'nil) を 't に置き換えるのに equal-same は必要でしょうか？

そんなことはありません。'nil は値なので、関数 equal の定義がそのまま使えました。

14

これで、いちばん内側の if を単純な形にできますか？

```
(if (if (equal a 't)
        (if 't
            a
            b)
        (equal 'or '(black coffee)))
    c
    c)
```

はい。if-true の公理が使えます。

```
(if (if (equal a 't)
        a
        (equal 'or '(black coffee)))
    c
    c)
```

15

内側の if 式の Question 部である (equal a 't) から、このフォーカスについて何かわかることがありますか？

```
(if (if (equal a 't)
        a
        (equal 'or '(black coffee)))
    c
    c)
```

はい。このフォーカスは、Question 部が (equal a 't) である if 式の Answer 部なので、フォーカス a が 't に等しいとわかります。

16

その知識を使って、15 コマめのフォーカスを書き換えられますか？

書き換えられそうです。でも、a を 't に置き換えるのに、どの公理を使えばいいのでしょう？

17

if と equal についての公理が新しく必要になりますね。

早く見せてください。

Equalの公理（最終バージョン）

```
(dethm equal-same (x)
  (equal (equal x x) 't))
```

```
(dethm equal-swap (x y)
  (equal (equal x y) (equal y x)))
```

```
(dethm equal-if (x y)
  (if (equal x y) (equal x y) 't))
```

15コマめでaを't に書き換えるのには、どの公理を使えばよいでしょうか？

⌞18⌝ きっと、新しく登場したequal-ifの公理なんですよね。でも、この公理をどう使えばいいのかわかりません。この公理の本体はequalの形をしていないので、Dethmの法則も使えないですし。

それならDethmの法則を書き換えましょう。

⌞19⌝ そうきますか。

Dethmの法則（最終バージョン）

任意の定理 (dethm $name$ (x_1 ... x_n) $body_x$) について、$body_x$ の中に出てくる変数 x_1 ... x_n は、対応する式 e_1 ... e_n で置き換えができる。次の場合、置き換えた結果である $body_e$ を使ってフォーカスの書き換えができる。

1. $body_e$ は、(equal p q) または (equal q p) という**帰結**を含む。
2. その帰結は、ifのQuestion部や関数適用の引数には含まれない。
3. その帰結がifのAnswer部（あるいはElse部）に含まれているなら、書き換え対象のフォーカスも同じQuestion部を持つifのAnswer部（あるいはElse部）に含まれていなければならない。

---

equal-ifの公理において、Dethmの法則における $name$、x_1、x_2、$body_x$ はそれぞれ何に相当するでしょうか？

⌞20⌝ 公理の $name$ は equal-if、x_1 および x_2 はそれぞれ x および y、$body_x$ は (if (equal x y) (equal x y) 't) です。

15コマめのフォーカスを、equal-ifの公理を使って書き換えるには、Dethmの法則における e_1 および e_2 として、それぞれどんな式を使えばよいでしょうか？

⌞21⌝ e_1 には a、e_2 には 't を使います。

その場合、Dethmの法則において先ほどの$body_x$を使うと、$body_e$はどうなりますか？	22	xをaで置き換えて、yを't で置き換えれば、$body_e$は (if (equal a 't) (equal a 't) 't) になります。

$body_e$の中のどの式を**帰結**として使いますか？

23   aを't に書き換えるので、帰結としては (equal a 't) を使います。

$body_e$には (equal a 't) が2つあります。if式のQuestion部とAnswer部に出てきます。どちらを帰結に使いましょうか？

24   Dethmの法則では、帰結はif式のQuestion部にあってはいけないので、Answer部に出てくる式を帰結とします。

if式のAnswer部に、その帰結が出てきますか？

25   はい。(equal a 't) というQuestion部を持つif式のAnswer部にあります。

Question部が (equal a 't) であるif式のAnswer部にも15コマめのフォーカスがありますか？

26   はい、あります。

帰結があるのはElse部ですか？

27   いいえ、違います。

であれば、Dethmの法則により、フォーカスaを書き換えて't にできますね。

```
(if (if (equal a 't)
        a
        (equal 'or '(black coffee)))
    c
    c))
```

28   ようやくできました。ところで、どうして式が一部だけオレンジ色なんですか？

```
(if (if (equal a 't)
        't
        (equal 'or '(black coffee)))
    c
    c))
```

目立たせたい式をオレンジ色にしました。(equal a 't) は、フォーカスを書き換えるための前提です[†1]。

29   前提って何ですか？

[†1] オレンジ色の式は、青や黒でなくても、文脈やフォーカスの一部である場合があります。28コマめでは、オレンジ色の式が文脈の一部になります。次章の43コマめでは、オレンジ色の式がフォーカスの一部になります。

30

前提とは、Answer部またはElse部にフォーカスがあるようなif式のQuestion部のことです。28コマめで (equal a 't) が前提なのはなぜでしょう？

28コマめでは、Answer部にフォーカスがあるので、(equal a 't) は前提です。

31

前提と、最終バージョンのDethmの法則を理解するために、違う例も見てみましょうか。

いいですね。

32

新しいdethmを用意しました。

```
(dethm jabberwocky†2 (x)
  (if (brillig x)
      (if (slithy x)
          (equal (mimsy x) 'borogove)
          (equal (mome x) 'rath))
      (if (uffish x)
          (equal (frumious x)
                 'bandersnatch)
          (equal (frabjous x) 'beamish))))
```

これって本当に定理なんですか？

33

たぶん定理ですね。brillig、slithy、mimsy、mome、uffish、frumious、frabjousが何を意味しているかによりますが。ここでは、単なる例なので、これが定理だと「仮定して」先に進みましょう。jabberwockyを使って次のフォーカスを書き換えられますか？

```
(cons 'gyre
  (if (uffish '(callooh callay))
      (cons 'gimble
        (if (brillig '(callooh callay))
            (cons 'borogove '(outgrabe))
            (cons 'bandersnatch '(wabe))))
      (cons (frabjous '(callooh callay)) '(vorpal))))
```

たぶんできます。ずいぶんと複雑な式だし、jabberwockyもずいぶんと複雑なdethmですね。

34

jabberwockyを使うには、このフォーカスに合うequal式を探さなければなりません。jabberwockyのequal式のうち、(frabjous '(callooh callay)) に似た引数のものはありますか？

はい。jabberwockyの最後のequal式は、1つめの引数が (frabjous x) です。

---

†2 Jabberwockyは、『鏡の国のアリス』（Lewis Carroll（1832〜1898））に出てくるナンセンスな詩です。

| (frabjous x)がフォーカスと等しくなるには、xを何で置き換える必要があるでしょうか？ | ㉟ | xを'(callooh callay)で置き換える必要があります。 |

| そのとおり。jabberwockyのxを'(callooh callay)で置き換えれば$body_e$が得られます。Dethmの法則の1つめの条件を満たすように、その$body_e$を作ったというわけです。

(if (brillig '(callooh callay))
   (if (slithy '(callooh callay))
      (equal (mimsy '(callooh callay)) 'borogove)
      (equal (mome '(callooh callay)) 'rath))
   (if (uffish '(callooh callay))
      (equal (frumious '(callooh callay)) 'bandersnatch)
      (equal (frabjous '(callooh callay)) 'beamish)))

フォーカスである(frabjous '(callooh callay))を書き換えるには、どの「帰結」を使わなければならないでしょうか？ | ㊱ | 帰結として、最後のequal式である(equal (frabjous '(callooh callay)) 'beamish)を使うしかありません。そうすれば1つめの条件を満たします。これで、2つめと3つめの条件を満たせば、フォーカスを'beamishに書き換えられるはずです。 |

| 36コマめを見ると、その帰結はQuestion部や関数適用の引数に含まれているでしょうか？ | ㊲ | いいえ、含まれていません。したがって、2つめの条件はクリアです。 |

| やはり36コマめを見て、その帰結はAnswer部に含まれているでしょうか？ | ㊳ | いいえ、含まれていません。 |

| 引き続き36コマめを見て、その帰結はElse部に含まれているでしょうか？ | ㊴ | はい、2つのif式のElse部に含まれています。これで3つめの条件の前半はクリアです。後半についても調べないとだめですよね。 |

| ええ。もう一度36コマめを見てください。Else部にその帰結を含んでいるif式のQuestion部はそれぞれ何でしょうか？ | ㊵ | そのif式のQuestion部は、(brillig '(callooh callay))と(uffish '(callooh callay))です。 |

| 33コマめを見てください。フォーカスは、(brillig '(callooh callay))か(uffish '(callooh callay))をQuestion部に持つどちらのifについても、Else部に入っていますか？ | ㊶ | フォーカスは(uffish '(callooh callay))をQuestion部に持つif式のElse部には入っています。ですが(brillig '(callooh callay))をQuestion部に持つif式のElse部には入っていません。なので、答えはノーです。 |

ということは、33コマめのフォーカスを書き換えるのにjabberwockyは使えないということなのです。36コマめの帰結は、3つめの条件の後半部分に合致していません。

|42| がんばった結果がこれですか。jabberwockyは使えないんですね。

もう1つ、やってみましょうね。今度は、次のフォーカスをjabberwockyを使って書き換えられるでしょうか？

|43| たぶんできます。

```
(cons 'gyre
  (if (uffish '(callooh callay))
      (cons 'gimble
            (if (brillig '(callooh callay))
                (cons 'borogove '(outgrabe))
                (cons 'bandersnatch '(wabe))))
      (cons (frabjous '(callooh callay)) '(vorpal))))
```

jabberwockyの中のequal式のうち、'bandersnatchと似た引数を持つものはありますか？

|44| はい。jabberwockyの中の3つめのequal式は、2つめの引数が'bandersnatchです。

'bandersnatchを43コマめのフォーカスと等しくするには、xを何に置き換えないといけないでしょうか？

|45| 43コマめのフォーカスは、はじめから'bandersnatchですよ。

ということは、いま考えている帰結がDethmの法則の条件を満たすのに都合がよいように、xを置き換える式を選べるということです。

|46| どうやって選べばいいのですか？

jabberwockyの中の'bandersnatchの「前提」が、43コマめのフォーカスの前提と等しくなるようにするためには、xを何に置き換えないといけないでしょうか？

|47| 今回も、xを'(callooh callay)に置き換えないといけません。

jabberwockyの中のxを'(callooh callay)に置き換えると、今回も36コマめの式が得られますね。今回は帰結として何を使いますか？

|48| 3つめのequal式です。(frumious '(callooh callay))と'bandersnatchを引数に持っているequal式です。引数のうちの一方、'bandersnatchが、43コマめのフォーカスと等しいからです。

その帰結がDethmの法則の条件を満たすかどうか確かめないといけませんね。その帰結は、if式のフォーカスもしくは関数適用の引数に含まれていますか？	㊹	含まれていません。
その帰結は、if式のAnswer部に含まれていますか？	㊿	含まれています。その帰結は、equalの2つの引数として (frumious '(callooh callay)) と 'bandersnatchを含んでいる式で、(uffish '(callooh callay)) というQuestion部を持つif式のAnswer部に含まれています。
43コマめのフォーカスは (uffish '(callooh callay)) というQuestion部を持つif式のAnswer部に含まれていますか？	㊿¹	はい、含まれています。
帰結が含まれているのは、いずれかのif式のElse部ですか？	㊿²	はい。(brillig '(callooh callay)) というQuestion部を持つif式のElse部に含まれています。
(brillig '(callooh callay)) というQuestion部を持つif式のElse部には、43コマめのフォーカスが含まれていますか？	㊿³	はい、含まれています。
ということは、48コマめの帰結は、Dethmの法則の条件を満たしていますね。jabberwockyを使って、43コマめのフォーカスを、オレンジ色の前提のもとで書き換えることが「できます」。'bandersnatchを書き換えて、(frumious '(callooh callay)) にしましょう。	㊿⁴	なんてふらびあす[†3]な日だ！

```
(cons 'gyre
  (if (uffish '(callooh callay))
      (cons 'gimble
        (if (brillig '(callooh callay))
            (cons 'borogove '(outgrabe))
            (cons 'bandersnatch '(wabe))))
      (cons (frabjous '(callooh callay)) '(vorpal))))
```

```
(cons 'gyre
  (if (uffish '(callooh callay))
      (cons 'gimble
        (if (brillig '(callooh callay))
            (cons 'borogove '(outgrabe))
            (cons (frumious '(callooh callay)) '(wabe))))
      (cons (frabjous '(callooh callay)) '(vorpal))))
```

[†3] [訳注] frabjousは、『鏡の国のアリス』に出てくる、fair (公平な)、fabulous (すてきな)、joyous (楽しげな) の造語です。

あと何回、jabberwockyの例を見るべきでしょうか？	⑤⑤ 簡単な質問ですね。完璧に理解できるまで何回も見る、です。でも、なぜjabberwockyのような空想上の定理を使うんでしょう？
直観に惑わされないようにするためです。car/consやif-sameのような公理は、De-thmの法則なしでも簡単に理解できます。jabberwockyのような意味のない定理は、Dethmの法則をきちんと理解しないと使えません。	⑤⑥ 前提を必要とするような定理で、本物の定理と呼べるものはあるのでしょうか？

それでは次の例を見てみましょう。このフォーカスについて、(equal (cdr (car a)) '(hash browns))というQuestion部から何かわかることはありますか？

⑤⑦ なさそうです。そのQuestion部からわかるのは、(cdr (car a))が'(hash browns)と等しいということですが、このフォーカスにはどちらの式も出てきません。

```
(if (atom (car a))
    (if (equal (car a) (cdr a))
        'hominy
        'grits)
    (if (equal (cdr (car a)) '(hash browns))
        (cons 'ketchup (car a))
        (cons 'mustard (car a))))
```

そのフォーカスについて、(equal (car a) (cdr a))というQuestion部から何かわかることはありますか？

⑤⑧ ありません。このフォーカスは、そのQuestion部に対応するAnswer部にもElse部にも含まれていません。

```
(if (atom (car a))
    (if (equal (car a) (cdr a))
        'hominy
        'grits)
    (if (equal (cdr (car a)) '(hash browns))
        (cons 'ketchup (car a))
        (cons 'mustard (car a))))
```

(2. もう少し、いつものゲームを) 25

[59]

そのフォーカスについて、(atom (car a)) という Question 部から何かわかることはありますか？

```
(if (atom (car a))
    (if (equal (car a) (cdr a))
        'hominy
        'grits)
    (if (equal (cdr (car a)) '(hash browns))
        (cons 'ketchup (car a))
        (cons 'mustard (car a))))
```

はい。このフォーカスは、(atom (car a)) という Question 部の Else 部に含まれています。したがって、(car a) は、car と cdr からなるコンスに違いありませんね。このことも何かしらの公理になっているような気がします。

Cons の公理（最終バージョン）

```
(dethm atom/cons (x y)
    (equal (atom (cons x y)) 'nil))
```

```
(dethm car/cons (x y)
    (equal (car (cons x y)) x))
```

```
(dethm cdr/cons (x y)
    (equal (cdr (cons x y)) y))
```

```
(dethm cons/car+cdr (x)
    (if (atom x) 't (equal (cons (car x) (cdr x)) x)))
```

[60]

では、次のフォーカスを (atom (car a)) という前提を使って書き換えられるでしょうか？

```
(if (atom (car a))
    (if (equal (car a) (cdr a))
        'hominy
        'grits)
    (if (equal (cdr (car a)) '(hash browns))
        (cons 'ketchup
            (car a))
        (cons 'mustard (car a))))
```

(car a) を、それに対する car と cdr でできているコンスへと書き換えられるようにする手立てが必要です。

```
(if (atom (car a))
    (if (equal (car a) (cdr a))
        'hominy
        'grits)
    (if (equal (cdr (car a)) '(hash browns))
        (cons 'ketchup
            (cons (car (car a)) (cdr (car a))))
        (cons 'mustard (car a))))
```

[61]

60 コマめでフォーカスを書き換えるには、どの公理が必要でしたか？

cons/car+cdr の公理です。

⑥²

今度は、次のフォーカスについて、(equal (cdr (car a)) '(hash browns))というQuestion部から何かわかることはありますか？

```
(if (atom (car a))
    (if (equal (car a) (cdr a))
        'hominy
        'grits)
    (if (equal (cdr (car a)) '(hash browns))
        (cons 'ketchup
          (cons (car (car a)) (cdr (car a))))
        (cons 'mustard (car a))))
```

はい。このフォーカスは、(equal (cdr (car a)) '(hash browns))というQuestion部を持つif式のAnswer部に含まれているので、(cdr (car a))が'(hash browns)に等しいことがわかります。

⑥³

その知識を前提として使うことで、そのフォーカスを書き換えられるでしょうか？

```
(if (atom (car a))
    (if (equal (car a) (cdr a))
        'hominy
        'grits)
    (if (equal (cdr (car a)) '(hash browns))
        (cons 'ketchup
          (cons (car (car a)) (cdr (car a))))
        (cons 'mustard (car a))))
```

(cdr (car a))を'(hash browns)に書き換えられるはずです。

```
(if (atom (car a))
    (if (equal (car a) (cdr a))
        'hominy
        'grits)
    (if (equal (cdr (car a)) '(hash browns))
        (cons 'ketchup
          (cons (car (car a)) '(hash browns)))
        (cons 'mustard (car a))))
```

⑥⁴

63コマめの書き換えを正当化する公理はありますか？

はい。equal-ifの公理です。

⑥⁵

前提を利用するような公理がほかにもあると思いますか？

きっとありますよね。

Ifの公理（最終バージョン）

```
(dethm if-true (x y)
  (equal (if 't x y) x))

(dethm if-false (x y)
  (equal (if 'nil x y) y))

(dethm if-same (x y)
  (equal (if x y y) y))

(dethm if-nest-A (x y z)
  (if x (equal (if x y z) y) 't))

(dethm if-nest-E (x y z)
  (if x 't (equal (if x y z) z)))
```

66

if-same の公理で次の式を書き換えられますか？

```
(cons 'statement
  (cons
    (if (equal a 'question)
        (cons n '(answer))
        (cons n '(else)))
    (if (equal a 'question)
        (cons n '(other answer))
        (cons n '(other else)))))
```

書き換えられそうにありません。

67

前のコマの式を、次の式に書き換えることは可能でしょうか？

```
(cons 'statement
  (if (equal a 'question)
      (cons
        (if (equal a 'question)
            (cons n '(answer))
            (cons n '(else)))
        (if (equal a 'question)
            (cons n '(other answer))
            (cons n '(other else))))
      (cons
        (if (equal a 'question)
            (cons n '(answer))
            (cons n '(else)))
        (if (equal a 'question)
            (cons n '(other answer))
            (cons n '(other else))))))
```

はい。if-same の公理を使ってできます。ということは、if-same の公理で前のコマの式を書き換えられるということですか。

そのとおり。if-same の公理をどうやって使えば、66 コマめの式を 67 コマめの式に書き換えられるでしょう？

68

y を次の式のようにして、

```
(cons
  (if (equal a 'question)
      (cons n '(answer))
      (cons n '(else)))
  (if (equal a 'question)
      (cons n '(other answer))
      (cons n '(other else))))
```

x を (equal a 'question) とし、if-same の公理を使います。

```
(cons 'statement
  (cons
    (if (equal a 'question)
        (cons n '(answer))
        (cons n '(else)))
    (if (equal a 'question)
        (cons n '(other answer))
        (cons n '(other else)))))
```

```
(cons 'statement
  (if (equal a 'question)
      (cons
        (if (equal a 'question)
            (cons n '(answer))
            (cons n '(else)))
        (if (equal a 'question)
            (cons n '(other answer))
            (cons n '(other else))))
      (cons
        (if (equal a 'question)
            (cons n '(answer))
            (cons n '(else)))
        (if (equal a 'question)
            (cons n '(other answer))
            (cons n '(other else))))))
```

69

次の式では、前提で (equal a 'question) が真ならば、フォーカスでは真でないといけませんよね。

はい。if-nest-A の公理によれば、それが正しいです。

```
(cons 'statement
  (if (equal a 'question)
      (cons
        (if (equal a 'question)
            (cons n '(answer))
            (cons n '(else)))
        (if (equal a 'question)
            (cons n '(other answer))
            (cons n '(other else))))
      (cons
        (if (equal a 'question)
            (cons n '(answer))
            (cons n '(else)))
        (if (equal a 'question)
            (cons n '(other answer))
            (cons n '(other else))))))
```

```
(cons 'statement
  (if (equal a 'question)
      (cons
        (cons n '(answer))
        (if (equal a 'question)
            (cons n '(other answer))
            (cons n '(other else))))
      (cons
        (if (equal a 'question)
            (cons n '(answer))
            (cons n '(else)))
        (if (equal a 'question)
            (cons n '(other answer))
            (cons n '(other else))))))
```

|70|

前提で `(equal a 'question)` が偽なら、次のフォーカスでも偽でないといけませんよね。

```
(cons 'statement
  (if (equal a 'question)
      (cons (cons n '(answer))
        (if (equal a 'question)
            (cons n '(other answer))
            (cons n '(other else))))
      (cons
        (if (equal a 'question)
            (cons n '(answer))
            (cons n '(else)))
        (if (equal a 'question)
            (cons n '(other answer))
            (cons n '(other else))))))
```

はい。`if-nest-E` の公理によれば、そのはずです。

```
(cons 'statement
  (if (equal a 'question)
      (cons (cons n '(answer))
        (if (equal a 'question)
            (cons n '(other answer))
            (cons n '(other else))))
      (cons
        (cons n '(else))
        (if (equal a 'question)
            (cons n '(other answer))
            (cons n '(other else))))))
```

|71|

前提で `(equal a 'question)` が真（もしくは偽）なら、次のフォーカスでも真（もしくは偽）でないといけませんよね。

```
(cons 'statement
  (if (equal a 'question)
      (cons (cons n '(answer))
        (if (equal a 'question)
            (cons n '(other answer))
            (cons n '(other else))))
      (cons (cons n '(else))
        (if (equal a 'question)
            (cons n '(other answer))
            (cons n '(other else))))))
```

はい、`if-nest-A`（そして、`if-nest-E`）の公理によれば、それが正しい（そして、そのはず）です。

```
(cons 'statement
  (if (equal a 'question)
      (cons (cons n '(answer))
        (cons n '(other answer)))
      (cons (cons n '(else))
        (cons n '(other else)))))
```

|72|

最初の66コマめは、どんな式でしたか？

```
(cons 'statement
  (cons
    (if (equal a 'question)
        (cons n '(answer))
        (cons n '(else)))
    (if (equal a 'question)
        (cons n '(other answer))
        (cons n '(other else)))))
```

|73|

最後の71コマめで、どんな式になりましたか？

```
(cons 'statement
  (if (equal a 'question)
      (cons (cons n '(answer))
        (cons n '(other answer)))
      (cons (cons n '(else))
        (cons n '(other else)))))
```

|74|

72コマめには、いくつif式がありますか？

2つです。

73コマめには、いくつif式がありますか？	⑺⑸ 1つです。
何か面白いことに気がつきましたか？	⑺⑹ はい、気づきました。
J-Bobの調子はどうですか？	⑺⑺ まだJ-Bobに会ってません。
ここらで休憩して、J-Bobに会いに153ページへ行ってみてもよいでしょう。この章の内容は170ページにあります。	⑺⑻ J-Bobを試すいい機会かもしれませんね。
疲れているときや、おなかが空いているときは、行かないでくださいね。	⑺⑼ J-Bobに会うときは、バターつきワッフルにシロップをかけて、苺をのせて食べましょう。

3

名前に何が？

(3. 名前に何が？) 33

① (pair 'sharp 'cheddar) の値は何でしょうか？	'(sharp cheddar) です。
② (first-of (pair 'baby 'swiss)) の値は何でしょうか？	'baby です。
③ (second-of (pair 'monterey 'jack)) の値は何でしょうか？	'jack です。
④ どれもオムレツに入れるとおいしいですよね[†1]。	ですよね。

⑤ 関数 pair の定義はこれです。
``
(defun pair (x y)
  (cons x (cons y '())))
``
first-of と second-of を定義しましょう。
	当然、こうなりますよね。
	``
	(defun first-of (x)
	  (car x))
	``
	こっちも。
	``
	(defun second-of (x)
	  (car (cdr x)))
	``

⑥ 次の first-of-pair という主張は、定理でしょうか？ ``` (dethm first-of-pair (a b) (equal (first-of (pair a b)) a)) ```	主張って何ですか？
⑦ **主張**というのは、まだ証明されていない定理のことです。	知っている公理の中に、first-of-pair で使えるものがないので、いまのところ first-of-pair は定理には見えませんが。
⑧ first-of-pair という主張を証明してみましょう。	主張を証明する？ どうやってですか？

---

†1 [訳注] Sharp Cheddar、Baby Swiss、Monterey Jack は、アメリカで売られているチーズの名前です。

⑨

主張を**証明する**には、もちろん、証明を書くんですよ。

証明を書く？　その証明っていうのは何なんですか？

⑩

証明というのは、式の書き換えを繰り返して最後には'tで終わる、一連のステップのことです。主張を書き換えていって'tにできたなら、その主張は定理であるといえます。

さっそくやってみましょう。

⑪

(pair x y) は (cons x (cons y '())) ですが、(pair a b) は何になりますか？

(cons a (cons b '())) です。

Defunの法則（最初のバージョン）

再帰的でない関数 (defun $name$ (x_1 ... x_n) $body$) があるなら、以下の等式が成り立つ。

$$(name\ e_1\ ...\ e_n) = body_e$$

ただし、$body_e$ は、$body$ に出てくる x_1 を e_1 に、...、x_n を e_n に置き換えたものである。

---

⑫

関数pairの定義を使って、Defunの法則を適用してみましょう。

(equal (first-of (pair a b)) a)

関数pairにおける $body$ は (cons x (cons y '())) ですよね。それから、xをaに、yをbに置き換えると、こうなります。

(equal (first-of (cons a (cons b '()))) a)

⑬

この段階で適用できる公理は何かありますか？

(equal (first-of (cons a (cons b '()))) a)

ありません。でも、関数first-ofの定義を使ってDefunの法則を適用できます。

(equal (car (cons a (cons b '()))) a)

⑭

これで証明終わりですか？

(equal (car (cons a (cons b '()))) a)

はい。あとはcar/consの公理とequal-sameの公理を使うだけです。

't

first-of-pairは定理ですか？	⑮ はい。 　Defunの法則、car/consの公理、equal-sameの公理により、そういえます。
先ほどの証明で定義を使った関数は何ですか？	⑯ 関数pairと、関数first-ofです。
``` (dethm second-of-pair (a b) (equal (second-of (pair a b)) b)) ``` second-of-pairは定理でしょうか？	⑰ 確かめないといけませんね。
関数second-ofの定義を使いましょう。 `(equal (second-of (pair a b)) b)`	⑱ Defunの法則を使うと、そのフォーカスはこうなります。 `(equal (car (cdr (pair a b))) b)`
ここで関数pairの定義を使いましょう。 `(equal (car (cdr (pair a b))) b)`	⑲ できました。 `(equal (car (cdr (cons a (cons b '())))) b)`
次はどうしますか？ `(equal (car (cdr (cons a (cons b '())))) b)`	⑳ cdr/consの公理を使ってから、car/consの公理を使います。 `(equal b b)`
そのとおり。このフォーカスは't になりますか？ `(equal b b)`	㉑ はい。 　equal-sameの公理により、そうなります。 't
second-of-pairは定理ですか？	㉒ はい。 　car/consの公理、cdr/consの公理、equal-sameの公理、関数second-of、関数pairにより、そうなります。

first-of-pairの証明では、Defunの法則を、最初に関数pairに対して使いました。しかし、second-of-pairの証明では、Defunの法則を関数pairに対して使ったのは2番めでした。	[23] その順番に何か意味があるんですか？
いいえ。 　この場合には違いはありません。	[24] 順番が意味を持つ場合もありますか？
はい。証明によっては、あります。	[25] どんな順番で使っても、証明は常にできるものなんでしょうか？
証明となる書き換えの道筋が1つ見つかれば、必ず別の道筋もあります。2つめの道筋でうまくいかなくなったら、書き換えによって最初まで「戻って」、1つめの道筋を行けばよいからです。しかし、もっと少ないステップで証明できることもあります。	[26] それは有益な情報ですね。

[27] 次に示す in-pair? は何をする関数でしょうか？
``
(defun in-pair? (xs)
  (if (equal (first-of xs) '?)
      't
      (equal (second-of xs) '?)))
``
	関数in-pair?は、2要素のリスト[†2] xsに '?が含まれれば 't を、含まれなければ nil を返します。

次の主張を証明してみましょう。 ``` (dethm in-first-of-pair (b) (equal (in-pair? (pair '? b)) 't)) ```	[28] 「リストの先頭に '? がある場合に、その '? を関数 in-pair? で見つけられるかどうか」を証明しようというわけですね。
そうです。始めましょうか。 　(equal (in-pair? (pair '? b)) 　　　　't)	[29] まずは関数pairの定義を使います。 　(equal (in-pair? (cons '? (cons b '()))) 　　　　't)

[†2] もちろん、in-pair?は、2要素のリスト以外の入力に対しても機能します。第4章で説明します。

次は？

```
(equal (in-pair? (cons '? (cons b '())))
       't)
```

⟦30⟧ 次は、関数in-pair?の定義を使います。

```
(equal (if (equal (first-of (cons '? (cons b '())))
                  '?)
           't
           (equal (second-of (cons '? (cons b '())))
                  '?))
       't)
```

それから？

```
(equal (if (equal (first-of (cons '? (cons b '())))
                  '?)
           't
           (equal (second-of (cons '? (cons b '())))
                  '?))
       't)
```

⟦31⟧ それから、関数first-ofの定義を使います。

```
(equal (if (equal (car (cons '? (cons b '())))
                  '?)
           't
           (equal (second-of (cons '? (cons b '())))
                  '?))
       't)
```

もっと単純にできますか？

```
(equal (if (equal (car (cons '? (cons b '())))
                  '?)
           't
           (equal (second-of (cons '? (cons b '())))
                  '?))
       't)
```

⟦32⟧ はい。car/consの公理とequal-sameの公理を使って、こうなります。

```
(equal (if 't
           't
           (equal (second-of (cons '? (cons b '())))
                  '?))
       't)
```

この主張はさらに単純になりそうですね。

```
(equal (if 't
           't
           (equal (second-of (cons '? (cons b '())))
                  '?))
       't)
```

⟦33⟧ そうですね。

```
't
```

in-first-of-pairは定理ですか？

⟦34⟧ はい。

car/consの公理、equal-sameの公理、if-trueの公理、関数pair、関数in-pair?、関数first-ofにより、そういえます。

先ほどの主張によく似た次の主張を考えましょう。

```
(dethm in-second-of-pair (a)
  (equal (in-pair? (pair a '?)) 't))
```

今度は、2要素のリストの「2つめ」の要素が'?であるときに、その'?をin-pair?で見つけられるかどうかを証明するんですね。

そのとおりです。まずは関数pairの定義を使いましょう。

```
(equal (in-pair? (pair a '?))
       't)
```

おなじみのステップですね。

```
(equal (in-pair? (cons a (cons '?'())))
       't)
```

次のステップもおなじみですか？

```
(equal (in-pair? (cons a (cons '?'())))
       't)
```

はい。今度は関数in-pair?の定義を使います。

```
(equal (if (equal (first-of (cons a (cons '?'())))
                  '?)
           't
           (equal (second-of (cons a (cons '?'())))
                  '?))
       't)
```

それから？

```
(equal (if (equal (first-of (cons a (cons '?'())))
                  '?)
           't
           (equal (second-of (cons a (cons '?'())))
                  '?))
       't)
```

if式のQuestion部で、関数first-ofの定義と、car/consの公理が使えます。

```
(equal (if (equal a '?)
           't
           (equal (second-of (cons a (cons '?'())))
                  '?))
       't)
```

---

in-second-of-pairの証明で、そのif式のQuestion部が役に立つでしょうか？

Question部は(equal a '?)になりましたが、aが'?かどうかはわかりません。

それならElse部のほうを考えましょうか。

```
(equal (if (equal a '?)
           't
           (equal (second-of (cons a (cons '?'())))
                  '?))
       't)
```

はい。Else部では関数second-ofの定義が使えます。

```
(equal (if (equal a '?)
           't
           (equal (car (cdr (cons a (cons '?'()))))
                  '?))
       't)
```

(3. 名前に何が？) 39

次の2ステップは簡単ですね。

```
(equal (if (equal a '?)
           't
           (equal (car (cdr (cons a (cons '?'()))))
                  '?))
       't)
```

|41| ですね。

```
(equal (if (equal a '?)
           't
           (equal '? '?))
       't)
```

'?はどう見ても'?と等しいです。

```
(equal (if (equal a '?)
           't
           (equal '? '?))
       't)
```

|42| どう見ても等しいです。

```
(equal (if (equal a '?)
           't
           't)
       't)
```

これでQuestion部を書き換えられるようになったでしょうか？

```
(equal (if (equal a '?)
           't
           't)
       't)
```

|43| 書き換えられませんが、何も問題ありません。Question部の値はどうでもいいです。

`'t`

> ### 洞察：無関係な式は飛ばそう
>
> 主張を't へと書き換える順番に特別な決まりはありません。式には、まったく気にしなくていい部分があるかもしれません。たとえば、Question部が何であれif-sameの公理によって単純化できるようなif式は、たくさんあります。

これでin-second-of-pairは証明できましたか？

|44| はい。car/consの公理、cdr/consの公理、equal-sameの公理、if-sameの公理、関数pair、関数in-pair?、関数first-of、関数second-ofによって証明できました。

関数first-ofを使う必要はありましたか？

|45| ないですね。ということは、もっと証明を短くできるということでしょうか？

できそうですね。170ページで、J-Bobを使った短い証明を試せます。

|46| J-Bobと出会ったからには、すぐにでも見に行きたいです。

あわてて次の章に進まないでください。ちょっと休憩して、身体にいいおやつでも食べましょう。

47　この章をもう1回読んでおいたほうがいいですか？

それがいいかもしれませんね。

48　ボウルにオートミールとデーツ、ブルーベリーを入れたものを食べてから読み直すのがよさそうですね。

4
これが完全なる朝食

(list0? 'oatmeal) の値は何になりますか？	①	'nil です。 なぜなら、'oatmeal はリストではないからです。
(list0? '()) の値は何になりますか？	②	't です。 なぜなら、'() は空のリストだからです。
(list0? '(toast)) の値は何になりますか？	③	'nil です。 なぜなら、'(toast) というリストは空ではないからです。
関数 list0? を定義してください。	④	```(defun list0? (x)
(if (equal x 'oatmeal)
'nil
(if (equal x '())
't
(if (equal x '(toast))
'nil
'nil))))```
はいはい、やり直しましょうね。	⑤	```(defun list0? (x)
(equal x '()))```
関数 list0? は全域ですか？	⑥	**全域**って何ですか？
「関数 list0? は全域である」というのは、どんな値 v を関数 list0? に渡しても、(list0? v) が値を持つということです。	⑦	だとしたら、equal が全域であれば list0? も全域です。
関数 equal は全域です。	⑧	それなら、関数 list0? も全域です。

どうしてそういえるのですか？	⑨ 関数 list0? は、関数 equal に x と '() を適用しています。関数 equal が任意の引数に対して値を持つなら、関数 list0? も任意の引数に対して値を持つからです。
よくできました。すばらしい。	⑩ 恐縮です。
(list1? 'oatmeal) の値は何になりますか？	⑪ 'nil です。 なぜなら、'oatmeal はリストではないからです。
(list1? '()) の値は何になりますか？	⑫ 'nil です。 なぜなら、リスト '() に含まれている要素はちょうど1つではないからです。
(list1? '(toast)) の値は何になりますか？	⑬ 't です。 なぜなら、'(toast) は1つの要素からなるリストだからです。
(list1? '(raisin oatmeal)) の値は何になりますか？	⑭ 'nil です。 なぜなら、'(raisin oatmeal) は1要素のリストではないからです。
関数 list1? を定義してください。	⑮ ```
(defun list1? (x)
(if (atom x)
'nil
(list0? (cdr x))))
``
関数 list1? は全域関数ですか？	⑯ ちょっと考えないとわかりません。関数 list0? より複雑な関数ですね。
```

急ぐ必要はありませんよ。時間をかけてやっていきましょう。	⑰	関数 list1? における if 式の Question 部では、x がアトムかどうかを調べています。関数 atom は全域関数ですか？
ええ、関数 atom は全域関数ですよ。	⑱	if はどうでしょう？
if 式は、Question 部の「値」が何であれ、Answer 部か Else 部のどちらか一方を返します。	⑲	ということは、if 式の Question 部、Answer 部、Else 部に値があれば、if 式にも値があるということですね。
そのとおり。	⑳	なるほど。では、cdr と car についてはどうなのでしょうか？ これらは全域関数ですか？
そうです。組み込み関数は、すべて全域です。	㉑	そうだったんですか！
意外かもしれませんが、そうなのですよ。	㉒	それじゃあ、(cdr 'grapefruit) の値は何になるっていうんですか？
考慮するのは、コンスしたものに対する cdr の結果だけです。(cdr 'grapefruit) には何かしら値があるはずですが、それが何であるかを知る必要はなく、値があるということだけわかれば十分なのです。	㉓	となると、(cdr '()) の値についてはどう考えればいいのでしょうか？
(cdr '()) にも値があります。	㉔	その値が何であるかを知る必要はないということですか？
その必要はありません。	㉕	わかりました。(car '()) についても同じですか？
同じですよ。	㉖	これで 16 コマめの質問に答えられますね。

もう一度質問しますね。関数list1?は全域関数ですか？	[27] はい。 なぜなら、関数atom、関数cdr、関数list0?は全域で、if式のQuestion部、Answer部、Else部にすべて値があるからです。
(list2? 'oatmeal)の値は何になりますか？	[28] 'nilです。 同じ話の繰り返しですね。
(list2? '(hash browns))の値は何になりますか？	[29] 'tです。 なぜなら、'(hash browns)は2要素のリストだからです。
(list2? '(vinegared hash browns))の値は何になりますか？	[30] 'nilです。 なぜなら、'(vinegared hash browns)は2要素のリストではないからです。

関数list2?を定義してください。	[31]
	``
	(defun list2? (x)
	  (if (atom x)
	      'nil
	      (list1? (cdr x))))
	``

関数list2?は全域関数ですか？	[32] はい。 関数list1?が全域関数である理由と同じです。
全域関数が何であるか、理解できたでしょうか？	[33] たぶん。
それでは、理解できたということで、Defunの法則を更新しましょう。	[34] え？

> ## Defunの法則（最終バージョン）
>
> 全域関数 (defun name (x_1 ... x_n) body) があるなら、以下の等式が成り立つ。
>
> $$(name\ e_1\ ...\ e_n)\ =\ body_e$$
>
> ただし、$body_e$ は、body に出てくる x_1 を e_1 に、...、x_n を e_n に置き換えたものである。

---

[35]

「全域」の意味がわかったので、Defunの法則が使える対象を、いままでのように「再帰的でない関数」だけでなく、再帰的な関数を含む「あらゆる全域関数」にできるのです。

関数が全域かどうかが、どうしてそんなに重要なのでしょうか？

---

[36]

とてもいい質問です。ここでの公理や法則というのは、どの式とどの式が互いに等しい値を持つかを教えてくれるものです。もし式が値を持たないなら、公理や法則を適用できません。

全域ではない関数には公理や法則を適用できないんですか？

---

[37]

全域でない関数は、**部分関数**といいます。

```
(defun partial (x)
  (if (partial x)
      'nil
      't))
```

(partial 'nil) の値は何でしょうか？

その式に値はありません。

---

[38]

では、その主張を証明してみましょう。

```
(dethm contradiction ()
  'nil)
```

なんだかすごく変な主張ですね。

---

[39]

変な主張ですが、とにかく 'nil が 't であるということを証明しましょう。

どうすればいいっていうんですか。

[40] xを(partial x)、yを'nilとして、if-same の公理を使って主張を「展開」してください。

'nil

それなら簡単です。

```
(if (partial x)
    'nil
    'nil)
```

[41] その式における、if式のAnswer部を展開しましょう。オレンジ色で示した前提と、if-nest-Aの公理を使ってください。if-nest-Aの公理を使うときは、xを(partial x)、yを'nil、zを'tとします。

```
(if (partial x)
    'nil
    'nil)
```

これもやっぱり簡単ですね。

```
(if (partial x)
    (if (partial x)
        'nil
        't)
    'nil)
```

[42] 同じようにしてif式のElse部も展開しましょう。オレンジ色で示した前提と、if-nest-Eの公理を使います。if-nest-Eの公理を使うときは、xを(partial x)、yを't、zを'nilとしてください。

```
(if (partial x)
    (if (partial x)
        'nil
        't)
    'nil)
```

こうなりました。

```
(if (partial x)
    (if (partial x)
        'nil
        't)
    (if (partial x)
        't
        'nil))
```

[43] 次の2か所のフォーカスで関数partialの定義を使いましょう。

```
(if (partial x)
    (if (partial x)
        'nil
        't)
    (if (partial x)
        't
        'nil))
```

はい。

```
(if (partial x)
    (if (if (partial x)
            'nil
            't)
        'nil
        't)
    (if (if (partial x)
            'nil
            't)
        't
        'nil))
```

ここで、`if-nest-A`の公理と`if-nest-E`の公理、それに`(partial x)`という前提を使って、新しくできたif式を消しましょう。

```
(if (partial x)
    (if (if (partial x)
            'nil
            't)
        'nil
        't)
    (if (if (partial x)
            'nil
            't)
        't
        'nil))
```

44 面白くなってきました。

```
(if (partial x)
    (if 'nil
        'nil
        't)
    (if 't
        't
        'nil))
```

フォーカスがあるif式を簡約しましょう。

```
(if (partial x)
    (if 'nil
        'nil
        't)
    (if 't
        't
        'nil))
```

45 `if-false`の公理と`if-true`の公理を使えば簡単ですね。

```
(if (partial x)
    't
    't)
```

ここで`if-same`の公理を使います。

```
(if (partial x)
    't
    't)
```

46 これは矛盾してます！ `'nil`が`'t`と等しいことを証明できてしまいました。

```
't
```

はたして、証明できたんでしょうかね？

47 `'nil`から始めて、`if-same`の公理、`if-false`の公理、`if-true`の公理、`if-nest-A`の公理、`if-nest-E`の公理、それから関数`partial`の定義を使って、主張を`'t`に書き換えました。

そうではありません！

48 どうしてですか？
　　実際、そうやって`'nil`を`'t`に書き換えたと思うんですが。

㊾

忘れてしまいましたか？ Defunの法則を使ってよいのは、「全域」な関数に対してだけでしたよね。partialは全域関数ではありませんよ。

つまり、'nilは'tと等しくないということでしょうか？

㊿

そのとおりです。

ああ、よかった！

'nilと'tが等しいことを証明できてしまったら、この本の存在自体が危うくなりますからね。

でも、全域関数でも、矛盾した結果が証明されてしまうものがあるのではないでしょうか？

---

(51)

ありません。

だから、関数が全域かどうかが重要なんですね。

---

(52)

そういうことです。というわけで、今度は関数list3?を定義しましょう。

それ、いつまで続けるんでしょうか？

---

(53)

いちばん長いリストに到達するまで続けますよ。

永遠に終わりませんね。

---

(54)

もっと手っ取り早い方法はありますか？

おそらくあります。再帰を使うのはいかがでしょう？

---

(55)

やってみてください。

```
(defun list? (x)
  (if (atom x)
      (equal x '())
      (list? (cdr x))))
```

---

(56)

関数list?の動作を説明してください。

関数list?は、引数がリストなら'tを返します。つまり、'()またはcdrがリストであるようなコンスであれば、'tを返します。それ以外の場合は、'nilを返します。

関数list?は全域関数ですか？	57	そうだと思います。どんな値も、リストかリストではないかのいずれかです[†1]。
本当に全域関数でしょうか？	58	断定はできません。
55コマめの関数list?の定義を見返してみましょう。	59	ifが値を持つためには、Question部、Answer部、Else部に値が必要です。
それから？	60	関数atomが全域であることはわかっています。
それで？	61	if式のAnswer部に値があることは自明です。
Else部についてはどうでしょうか？	62	全域かどうかを判断するためには、関数cdrと関数list?が全域かを知る必要があります。
そうですね。	63	ちょっと待ってください！
何かが変ですね。	64	関数list?が全域であるかを知るのに、関数list?が全域であることを知っている必要があります。そもそも、それが知りたかったことなのに。
そこまでの考察はいいでしょう。(list? (cdr x))については、最初の時点よりもコンスが少ない値が関数list?に渡される、ということはわかりますよね。そして、それを必要なだけ繰り返していけば、最後にはアトムになるということもわかります。	65	それはわかりますが、証明になっていないような気が。

[†1] 無限リストや循環リストについては考慮しないことにします。考慮するのは、この本で用意している組み込み関数を使った有限のプログラムで構成できる値だけです。

そのとおり。なので、それを証明しましょう。	⑥⑥ 証明すべき主張は何ですか？
再帰が呼び出されるたびに関数list?の尺度が減る、というのが主張です。	⑥⑦ 尺度って何ですか？
尺度というのは、関数の定義と一緒に提示される式です。尺度の式では、それまでに定義済みの全域関数と、関数の定義に出てくる仮引数だけを参照してよいことになっています。尺度の式は、定義している関数が再帰的に呼び出されるたびに減少する自然数を返さなければなりません。	⑥⑧ それで、関数list?の尺度は何なのでしょうか？

list?の尺度は、(size x)です。
 	
``
(defun list? (x)
  (if (atom x)
      (equal x '())
      (list? (cdr x))))
``
尺度: (size x)
	⑥⑨ sizeとは？

sizeを使うと、値に含まれるコンスの数がわかります。(size '((1 (a 2)) b))の値は何になるでしょうか？	⑦⓪ 簡単ですね。'6です。
そうです。では(size '((10 (A 20)) B))の値は何になるでしょうか？	⑦① これも '6ですね。
そのとおり。(size '(10 (A 20)))はどうでしょう？	⑦② '4ですね。
(size '10)は？	⑦③ '10にはコンスがないので、'0です。

[74]

これで、関数 list? が全域であるという主張を明示できるようになりました。
「x がアトムでなければ、(size (cdr x)) は (size x) より小さくなるべきである」
この主張は真でしょうか？

実際、(cdr x) を構成するコンスは x より1つ少ないですね。

全域性についての主張は次のとおりです。

```
(if (natp (size x))
    (if (atom x)
        't
        (< (size (cdr x)) (size x)))
    'nil) †2
```

関数 natp は、引数が自然数かどうか、つまり 0, 1, 2, ... であれば 't を返し、そうでなければ 'nil を返す関数です。

[75]

(size x) という尺度が自然数であることを示す公理はあるのでしょうか？

Size の公理

```
(dethm natp/size (x)
    (equal (natp (size x)) 't))

(dethm size/car (x)
    (if (atom x) 't
        (equal (< (size (car x)) (size x)) 't)))

(dethm size/cdr (x)
    (if (atom x) 't
        (equal (< (size (cdr x)) (size x)) 't)))
```

ありますよ。
 (natp (size x)) は、尺度が永遠に減少することはない、ということを表しています。これで関数 list? が全域かどうかを証明する準備が整いました。

[76]

さっそく新しい公理を使っていきましょう。

---

†2 この主張と尺度を関数 list? の定義からどうやって作り出すかは第8章で説明します。

このフォーカスでnatp/sizeを使えますか？
 	
``
(if (natp (size x))
    (if (atom x)
        't
        (< (size (cdr x)) (size x)))
    'nil)
``
	⑦ 使っていきましょう！
	
	``
	(if 't
	    (if (atom x)
	        't
	        (< (size (cdr x)) (size x)))
	    'nil)
	``

ifが1つ減りますね。
 	
``
(if 't
    (if (atom x)
        't
        (< (size (cdr x)) (size x)))
    'nil)
``
	⑦ 減りますね。
	
	``
	(if (atom x)
	    't
	    (< (size (cdr x)) (size x)))
	``

オレンジ色で示した前提を使うと、sizeの比較について何がわかりますか？
 	
``
(if (atom x)
    't
    (< (size (cdr x)) (size x)))
``
	⑦ size/cdrの公理が使えるということがわかります。
	
	``
	(if (atom x)
	    't
	    't)
	``

完了ですね。
 	
``
(if (atom x)
    't
    't)
``
	⑧ はい、if-sameの公理で完了です。
	
	``
	't
	``

これで、list?が全域であるということを証明できました。	⑧ あらゆる関数について、全域かどうかを証明する必要があるのでしょうか？
あります。 　再帰しない関数については、尺度と全域性についての主張がどれも同じなので、この場合はすぐに証明することができます。	⑧ 証明しましょう。
これが、再帰しない関数が全域であるという主張です。 ``` 't ```	⑧ 再帰しない関数が全域であるという主張は、'tなんですか？ 証明が終わってるじゃないですか！

|84| さらに、リストについて再帰を使っている多くの関数が全域であることも、ついさっきわかりましたね。 | それ以外の再帰についてはどうなのですか？

|85| それでは、2つめの引数に含まれる'?をすべて1つめの引数の値に置き換える、sub という関数を考えましょう。(sub 't '?) の値は何になりますか？ | 't です。
なぜなら、関数 sub によって '? が 't に置き換えられるからです。

|86| 次の値は何になりますか？

```
(sub '(a ? b) '(x ? y))
```
| '(x (a ? b) y) です。
なぜなら、関数 sub によって '(x ? y) の中にある '? が '(a ? b) に置き換えられるからです。

|87| 次の値は何になりますか？

```
(sub 'and
  '(ham (? eggs) ? (toast (?) butter)))
```
| '(ham (and eggs) and (toast (and) butter)) です。

|88| 関数 sub を定義してください。 |
```
(defun sub (x y)
  (if (atom y)
      (if (equal y '?)
          x
          y)
      (cons (sub x (car y))
            (sub x (cdr y)))))
```
尺度: (size y)

|89| 関数 sub の定義に、きちんと尺度も提示しましたね。 | たぶん (size y) が適切な尺度なのですよね。

これが、関数 sub が全域関数であるという主張です。

```
(if (natp (size y))
    (if (atom y)
        't
        (if (< (size (car y)) (size y))
            (< (size (cdr y)) (size y))
            'nil))
    'nil)
```

⁂90 (size y) が自然数であることはわかっていますね。

```
(if (atom y)
    't
    (if (< (size (car y)) (size y))
        (< (size (cdr y)) (size y))
        'nil))
```

この証明はすぐに終わります。最後はどうなりますか？

```
(if (atom y)
    't
    (if (< (size (car y)) (size y))
        (< (size (cdr y)) (size y))
        'nil))
```

⁂91 (atom y) という前提があるので、size/car の公理と size/cdr の公理により、こうなります。

```
(if (atom y)
    't
    (if 't
        't
        'nil))
```

全域関数かどうかの証明を試せそうな再帰関数はほかにもありますか？

⁂92 関数 partial にも再帰が出てきます。これが全域であると証明できないことを確かめられますか？

いい思いつきですね。関数 partial は全域ですか？

```
(if (natp (size x))
    (if (< (size x) (size x))
        't
        'nil)
    'nil)
```

⁂93 少なくとも外側の if は取り除けますね。

```
(if (< (size x) (size x))
    't
    'nil)
```

それから？

⁂94 わかりません。この主張は偽に思えます。(size x) が (size x) より小さいはずがないですからね！

正解です。というわけで、関数 partial は部分関数なのです。

⁂95 なるほど。

そろそろ休憩しましょうか。

[96] 171ページでJ-Bobが待っています。

その前に朝食を済ませましょう。

[97] 一日のうちでいちばん大切な食事ですからね。

5
何回も何回も何回も考えよう

(5. 何回も何回も何回も考えよう)

---

① 次の memb? という関数を知っていますか？[†1]

```
(defun memb? (xs)
  (if (atom xs)
      'nil
      (if (equal (car xs) '?)
          't
          (memb? (cdr xs)))))
```

はい。
よく似た関数なら見たことがあります。でも、この関数は、xs に '? があるかどうかを調べるだけですね。

---

② 次の関数 remb も、見たことがありますよね？

```
(defun remb (xs)
  (if (atom xs)
      '()
      (if (equal (car xs) '?)
          (remb (cdr xs))
          (cons (car xs)
                (remb (cdr xs))))))
```

はい。
この関数も、何回か使ったことがあります。どちらの関数も全域関数でしょうか？

---

③ きっとそうですよ。関数 memb? を尺度と一緒に再掲します。

```
(defun memb? (xs)
  (if (atom xs)
      'nil
      (if (equal (car xs) '?)
          't
          (memb? (cdr xs)))))
```
尺度: (size xs)

証明すべきことは何ですか？

---

④ 関数 memb? が全域関数であるという主張は次のとおりです。

```
(if (natp (size xs))
    (if (atom xs)
        't
        (if (equal (car xs) '?)
            't
            (< (size (cdr xs)) (size xs))))
    'nil)
```

まずは natp/size の公理と if-true の公理を使ってこうなります。

```
(if (atom xs)
    't
    (if (equal (car xs) '?)
        't
        (< (size (cdr xs)) (size xs))))
```

[†1] memb? の末尾に付いている「?」は、「'? を探す」という意味ではなく、't または nil を返す関数であるという意味です。

次のフォーカスは、(atom xs) という前提があるので、size/cdr の公理によって簡約できます。関数 list? の全域性を証明したときと同じように考えましょう。

```
(if (atom xs)
    't
    (if (equal (car xs) '?)
        't
        (< (size (cdr xs)) (size xs))))
```

はい。こうなりますね。

```
(if (atom xs)
    't
    (if (equal (car xs) '?)
        't
        't))
```

今度は、関数 remb を尺度と一緒に再掲します。

```
(defun remb (xs)
  (if (atom xs)
      '()
      (if (equal (car xs) '?)
          (remb (cdr xs))
          (cons (car xs)
            (remb (cdr xs))))))
```
尺度: (size xs)

関数 size は尺度として万能なんですね。関数 remb の全域性についての主張は何でしょうか？

これが remb の全域性についての主張です。

```
(if (natp (size xs))
    (if (atom xs)
        't
        (if (equal (car xs) '?)
            (< (size (cdr xs)) (size xs))
            (< (size (cdr xs)) (size xs))))
    'nil)
```

やはり、natp/size の公理と if-true の公理から始めて、さらに if-same の公理を使えば、こうなりますね。

```
(if (atom xs)
    't
    (< (size (cdr xs)) (size xs)))
```

それから？

```
(if (atom xs)
    't
    (< (size (cdr xs)) (size xs)))
```

最後に、(atom xs) という前提のもとで size/cdr の公理を使えば完了です。

```
(if (atom xs)
    't
    't)
```

次の memb?/remb0 は、0 要素のリストから関数 remb の定義を使って '? を削除できるという定理です。この定理を証明できるでしょうか？

⑨

やってみましょう。

```
(dethm memb?/remb0 ()
  (equal (memb? (remb '())) 'nil))
```

どうぞ。

```
(equal (memb?
          (remb '()))
       'nil)
```

⑩

まずは関数 remb の定義を使います。xs は '() に置き換えます。

```
(equal (memb?
          (if (atom '())
              '()
              (if (equal (car '()) '?)
                  (remb (cdr '()))
                  (cons (car '())
                    (remb (cdr '()))))))
       'nil)
```

外側の if 式を単純な形にできますか？

```
(equal (memb?
          (if (atom '())
              '()
              (if (equal (car '()) '?)
                  (remb (cdr '()))
                  (cons (car '())
                    (remb (cdr '()))))))
       'nil)
```

⑪

はい。'() はアトムなので、関数 atom と if-true の公理を使います。

```
(equal (memb?
          '())
       'nil)
```

ここで関数 memb? の定義が使えますね。

```
(equal (memb? '())
       'nil)
```

⑫

はい。xs を '() として関数 memb? の定義を使うとこうなります。

```
(equal (if (atom '())
           'nil
           (if (equal (car '()) '?)
               't
               (memb? (cdr '()))))
       'nil)
```

また、`(atom '())` が出てきました。

```
(equal (if (atom '())
           'nil
           (if (equal (car '()) '?)
               't
               (memb? (cdr '()))))
       'nil)
```

13 はい。`'()` はアトムなので、こうなります。証明できました。

```
(equal 'nil
       'nil)
```

memb?/remb0 は定理ですか？

14 はい。

どうやって証明しましたか？

15 関数 atom、equal-same の公理、if-true の公理、それに関数 memb? と関数 remb を使いました。

関数 memb? と関数 remb の定義は、いつ使いましたか？

16 引数が `'()` のときに使いました。

これらの関数の引数は、常に `'()` でしょうか？

17 いいえ。
10 コマめでは、関数 memb? の引数は if 式でした。

関数 memb? の引数をどうやって `'()` に簡約しましたか？

18 公理と定理を使って if や関数適用を単純な形にすることで簡約しました。

引数を単純な形にする前に関数 memb? の定義を使っていたら、どうなっていたでしょう？

19 関数 memb? の定義に xs が出現するたびに、引数に含まれる if 式全体が何度も現れることになっていたでしょう。

それによって memb?/remb0 の証明にどんな影響がありえましたか？

20 余分な if 式を 1 回で単純な形にできず、3 回もやらなければならなかったでしょう。

洞察：内側から外側へと書き換えるべし

式は「内側」から外側へと書き換えること。まず、内側にあるifのAnswer部、Else部、関数の引数から着手します。関数適用の引数をなるべく単純な形にし、それからDefunの法則を使って、その関数の定義の本体を使って関数適用を置き換えます。ifのQuestion部は、前提を要する定理を使うときに必要に応じて書き換えましょう。内側の式が単純な形にできなくなったら、外側の式に移ります。

次のmemb?/remb1は定理ですか？

```
(dethm memb?/remb1 (x1)
  (equal (memb?
           (remb (cons x1 '())))
         'nil))
```

[21] 確かめないとですね。

---

memb?/remb0のときのように、まずは関数rembの定義を使いましょう。

```
(equal (memb?
         (remb (cons x1 '())))
       'nil)
```

[22] 主張がこんなに巨大に！

```
(equal (memb?
         (if (atom (cons x1 '()))
             '()
             (if (equal (car (cons x1 '())) '?)
                 (remb (cdr (cons x1 '())))
                 (cons (car (cons x1 '()))
                       (remb (cdr (cons x1 '())))))))
       'nil)
```

なぜそんなに大きくなったのでしょうか？

[23] xsを、より大きな(cons x1 '())で置き換えたからです。xsは関数rembの定義本体に5回も出現するので、こんなことになりました。

次はどうしますか？

```
(equal (memb?
         (if (atom (cons x1 '()))
             '()
             (if (equal (car (cons x1 '())) '?)
                 (remb (cdr (cons x1 '())))
                 (cons (car (cons x1 '()))
                       (remb (cdr (cons x1 '())))))))
       'nil)
```

[24] (cons x1 '())という式はアトムにならないので、こうなります。

```
(equal (memb?
         (if (equal (car (cons x1 '())) '?)
             (remb (cdr (cons x1 '())))
             (cons (car (cons x1 '()))
                   (remb (cdr (cons x1 '()))))))
       'nil)
```

それから？

```
(equal (memb?
         (if (equal (car (cons x1 '())) '?)
             (remb (cdr (cons x1 '())))
             (cons (car (cons x1 '()))
                   (remb (cdr (cons x1 '()))))))
       'nil)
```

[25] 朝飯前です。car/cons の公理を2回、cdr/cons の公理を2回使います。

```
(equal (memb?
         (if (equal x1 '?)
             (remb '())
             (cons x1
                   (remb '()))))
       'nil)
```

次はどうしますか？

[26] 関数 remb の適用は2か所ありますが、どちらも引数は '() になったので、引数はこれ以上、単純な形にできません。Defun の法則を使うことで関数適用を書き換えられるかもしれません。

```
(equal (memb?
         (if (equal x1 '?)
             (remb '())
             (cons x1 (remb '()))))
       'nil)
```

いいところに気がつきましたね。でも、これらの関数適用を書き換える必要はあるのでしょうか？

[27] どういうことですか？

(remb '()) という関数適用を前にも見かけませんでしたか？

[28] 見かけました。
9 コマめの memb?/remb0 の定理で出てきました。

何か気づきましたか？

[29] ひょっとして、memb?/remb1 の証明に memb?/remb0 の定理が使えるということでしょうか。

memb?/remb0 の定理により、(memb? (remb '())) を 'nil に書き換えられます。

[30] だとしたら、いま証明中の式では、(remb '()) という形をそのまま残しておくほうがいいですね。

それでどうするんですか？

[31] (remb '()) が関数 memb? の引数になるように書き換えてみたいと思います。

いいですね！どうやってやりましょう？	③② ifを書き換えたらいいんじゃないでしょうか。
	
	``
	(equal (memb?
	       (if (equal x1 '?)
	           (remb '())
	           (cons x1 (remb '()))))
	       'nil)
	``

if-trueの公理やif-falseの公理を使えますか？	③③ いいえ。 (equal x1 '?)の真偽がわかりませんから。
if-sameの公理は使えますか？	③④ いいえ。 (remb '())を(cons x1 (remb '()))には書き換えられませんから。
if式のQuestion部の真偽がわからず、Answer部とElse部が同一でないのに、どうやってif式を書き換えるというんですか？	③⑤ わかりません。何か手はありませんか？

あります。第2章の66コマめ（27ページ）から71コマめ（29ページ）の書き換えステップを思い出してください。まずはif-sameの公理を使って新しいif式を作りましょう。
 	
``
(equal (memb?
       (if (equal x1 '?)
           (remb '())
           (cons x1 (remb '()))))
       'nil)
``
	③⑥ 思い出してきました。
	
	``
	(equal (if (equal x1 '?)
	           (memb?
	            (if (equal x1 '?)
	                (remb '())
	                (cons x1 (remb '()))))
	           (memb?
	            (if (equal x1 '?)
	                (remb '())
	                (cons x1 (remb '())))))
	       'nil)
	``

37

この新しいif式のQuestion部を使って、関数memb?の引数を単純な形にできますか？

はい、できます。新しいif式のAnswer部では、x1が'?に等しいはずです。if-nest-Aを使って、フォーカスされているif式を削ると、こうなります。

```
(equal (if (equal x1 '?)
           (memb?
             (if (equal x1 '?)
                 (remb '())
                 (cons x1 (remb '()))))
           (memb?
             (if (equal x1 '?)
                 (remb '())
                 (cons x1 (remb '())))))
       'nil)
```

```
(equal (if (equal x1 '?)
           (memb?
             (remb '()))
           (memb?
             (if (equal x1 '?)
                 (remb '())
                 (cons x1 (remb '())))))
       'nil)
```

38

新しいif式を使ってできることはこれで全部ですか？

新しいif式のElse部では、x1は'?と「等しくない」はずです。if-nest-Eを使えば、やはりifを1つ削れます。

```
(equal (if (equal x1 '?)
           (memb? (remb '()))
           (memb?
             (if (equal x1 '?)
                 (remb '())
                 (cons x1 (remb '())))))
       'nil)
```

```
(equal (if (equal x1 '?)
           (memb? (remb '()))
           (memb?
             (cons x1 (remb '()))))
       'nil)
```

39

31コマめで予見したmemb?/remb0の定理に出てくる式になりましたね。

新しいifで関数memb?の適用を書き換えたのが功を奏しました。if式のQuestion部である(equal x1 '?)を、関数適用の外にすっかり追い出せました。

```
(equal (if (equal x1 '?)
           (memb? (remb '()))
           (memb?
             (cons x1 (remb '()))))
       'nil)
```

Ifの持ち上げ（If Lifting）

ifのQuestion部をフォーカスの中から外に移動するには、xをQuestion部、yをフォーカス全体として、if-sameの公理を使う。これにより、新しいifのAnswer部とElse部にフォーカスがコピーされた形になる。

```
    (original-context           (original-context
      (original-focus             (if Q
        (if Q A E)))       =        (original-focus
                                      (if Q A E))
                                    (original-focus
                                      (if Q A E))))
```

これで、新しいifのAnswer部とElse部には、Question部が同一のifがそれぞれできる。それぞれのifを、if-nest-Aの公理とif-nest-Eの公理を使って除去する。

```
    (original-context
      (if Q                       (original-context
        (original-focus             (if Q
          (if Q A E))        =        (original-focus A)
        (original-focus                (original-focus E)))
          (if Q A E))))
```

そうですね。if式のQuestion部をこうやって移動するとうまくいくことがよくあります。

[40] 教えてくれてありがとうございます。

洞察：Ifを外側へ

ifが、関数適用の引数や、別のifのQuestion部にあるときは、「Ifの持ち上げ」を使います。ifを持ち上げて、関数適用とQuestion部の外に追い出しましょう。

それでは、memb?/remb0の定理を使いましょう。

[41] そのフォーカスは'nilですね。

```
(equal (if (equal x1 '?)
           (memb? (remb '()))
           (memb?
             (cons x1 (remb '())))) 
       'nil)
```

```
(equal (if (equal x1 '?)
           'nil
           (memb?
             (cons x1 (remb '())))) 
       'nil)
```

Else 部のほうはどうですか？

```
(equal (if (equal x1 '?)
           'nil
           (memb?
             (cons x1 (remb '()))))
       'nil)
```

▣42
関数 memb? の定義を使います。

```
(equal (if (equal x1 '?)
           'nil
           (if (atom (cons x1 (remb '())))
               'nil
               (if (equal (car (cons x1 (remb '())))
                          '?)
                   't
                   (memb?
                     (cdr (cons x1 (remb '()))))))))
       'nil)
```

でも、別のフォーカスで remb を使うこともできそうですね。

(remb '()) に対して remb を使ってもいいですね。(remb '()) についてわかっていることは？

▣43
31 コマめのように、(remb '()) のところを (memb? (remb '())) という形にできれば、memb?/remb0 の定理が使えます。

定理を覚えていると、いいことがありますね。

▣44
ほんとにそうですね。

> ### 洞察：いつも心に定理を
> すでにある定理は覚えておきましょう。公理は特に覚えておきましょう。証明中の主張に、何らかの定理によって書き換え可能な式が含まれていたら、その定理を使ってみましょう。証明中の主張に、何らかの定理によって書き換え可能な式の一部分が含まれていたら、その部分は残しておいて、その定理が使えるように主張を書き換えてみましょう。

では、次のフォーカスを書き換えてください。

```
(equal (if (equal x1 '?)
           'nil
           (if (atom (cons x1 (remb '())))
               'nil
               (if (equal (car (cons x1 (remb '())))
                          '?)
                   't
                   (memb?
                     (cdr (cons x1 (remb '()))))))))
       'nil)
```

▣45
難しくはないですね。

```
(equal (if (equal x1 '?)
           'nil
           (if (equal (car (cons x1 (remb '())))
                      '?)
               't
               (memb?
                 (cdr (cons x1 (remb '()))))))
       'nil)
```

次の2つのフォーカスも簡単ですね。

```
(equal (if (equal x1 '?)
           'nil
           (if (equal (car (cons x1 (remb '())))
                      '?)
               't
               (memb?
                   (cdr (cons x1 (remb '()))))))
       'nil)
```

46 car/cons の公理と cdr/cons の公理がありますからね。

```
(equal (if (equal x1 '?)
           'nil
           (if (equal x1
                      '?)
               't
               (memb?
                   (remb '()))))
       'nil)
```

次のフォーカスと、オレンジ色の Question 部とから、何か思い当たる公理はありますか？

```
(equal (if (equal x1 '?)
           'nil
           (if (equal x1 '?)
               't
               (memb?
                   (remb '()))))
       'nil)
```

47 あります。if-nest-E の公理ですね。

```
(equal (if (equal x1 '?)
           'nil
           (memb?
               (remb '())))
       'nil)
```

次のフォーカスについてはどうですか？

```
(equal (if (equal x1 '?)
           'nil
           (memb?
               (remb '())))
       'nil)
```

48 もう1回、memb?/remb0 の定理を使えば、証明終わりです。

```
(equal (if (equal x1 '?)
           'nil
           'nil)
       'nil)
```

memb?/remb1 は定理でしょうか？

49 はい、いまそれを証明しました。

memb?/remb1 の定理の意味は何でしょうか？

50 1要素のリストから remb で '? を取り除ける、という意味です。

それをどうやって証明しましたか？

51 atom/cons の公理、if-false の公理、car/cons の公理、cdr/cons の公理、if-same の公理、if-nest-A の公理、if-nest-E の公理、memb?/remb0 の定理、関数 memb?、関数 remb によって証明しました。

これってすごいことでしょうか？	52 すごいですよ。

今度はmemb?/remb2を証明しましょう。
``
(dethm memb?/remb2 (x1 x2)
  (equal (memb?
           (remb
             (cons x2
               (cons x1 '()))))
         'nil))
``
	53 だんだん慣れてきました。

次のフォーカスで関数rembの定義を使いましょう。
``
(equal (memb?
         (remb (cons x2 (cons x1 '()))))
       'nil)
``
	54 単純ですね。
	``
	(equal (memb?
	         (if (atom (cons x2 (cons x1 '())))
	             '()
	             (if (equal (car
	                          (cons x2 (cons x1 '())))
	                        '?)
	                 (remb
	                   (cdr (cons x2 (cons x1 '()))))
	                 (cons
	                   (car (cons x2 (cons x1 '())))
	                   (remb
	                     (cdr
	                       (cons x2 (cons x1 '()))))))))
	       'nil)
	``

(atom (cons x2 (cons x1 '()))) というQuestion部は何になりますか？
``
(equal (memb?
         (if (atom (cons x2 (cons x1 '())))
             '()
             (if (equal (car (cons x2 (cons x1 '())))
                        '?)
                 (remb
                   (cdr (cons x2 (cons x1 '()))))
                 (cons
                   (car (cons x2 (cons x1 '())))
                   (remb
                     (cdr
                       (cons x2 (cons x1 '()))))))))
       'nil)
``
	55 'nilです。
	``
	(equal (memb?
	         (if (equal (car (cons x2 (cons x1 '())))
	                    '?)
	             (remb
	               (cdr (cons x2 (cons x1 '()))))
	             (cons
	               (car (cons x2 (cons x1 '())))
	               (remb
	                 (cdr
	                   (cons x2 (cons x1 '())))))))
	       'nil)
	``

carとcdrを何とかしましょうか。

```
(equal (memb?
        (if (equal (car (cons x2 (cons x1 '())))
                   '?)
            (remb
              (cdr (cons x2 (cons x1 '()))))
            (cons
              (car (cons x2 (cons x1 '())))
              (remb
                (cdr
                  (cons x2 (cons x1 '())))))))
       'nil)
```

⑤⑥ できました。

```
(equal (memb?
        (if (equal x2 '?)
            (remb (cons x1 '()))
            (cons x2
              (remb (cons x1 '())))))
       'nil)
```

この場合、どうすればいいんでしたっけ…？

```
(equal (memb?
        (if (equal x2 '?)
            (remb (cons x1 '()))
            (cons x2
              (remb (cons x1 '())))))
       'nil)
```

⑤⑦ Ifの持ち上げを使うのでした！

```
(equal (if (equal x2 '?)
           (memb?
             (remb (cons x1 '())))
           (memb?
             (cons x2
               (remb (cons x1 '())))))
       'nil)
```

そのとおり。57コマめで使う公理は何ですか？

⑤⑧ 36コマめ〜38コマめと同じく、if-sameの公理、if-nest-Aの公理、if-nest-Eの公理を使います。

どこかで見たことがあるような気がしませんか？

```
(equal (if (equal x2 '?)
           (memb?
             (remb (cons x1 '())))
           (memb?
             (cons x2
               (remb (cons x1 '())))))
       'nil)
```

⑤⑨ memb?/remb1の定理の中で見ました。ここでmemb?/remb1の定理が使えます。

```
(equal (if (equal x2 '?)
           'nil
           (memb?
             (cons x2
               (remb (cons x1 '())))))
       'nil)
```

関数 memb? の定義を使ってみましょう。用意はいいですか？

⑥⓪ いいですよ。

```
(equal (if (equal x2 '?)
           'nil
           (memb?
             (cons x2
               (remb (cons x1 '()))))) 
       'nil)
```

```
(equal (if (equal x2 '?)
           'nil
           (if (atom
                 (cons x2
                   (remb (cons x1 '()))))
               'nil
               (if (equal
                     (car
                       (cons x2
                         (remb (cons x1 '()))))
                     '?)
                   't
                   (memb?
                     (cdr
                       (cons x2
                         (remb (cons x1 '()))))))))
       'nil)
```

次の2つのステップは簡単ですね。

⑥① もうすっかりおなじみです。

```
(equal (if (equal x2 '?)
           'nil
           (if (atom
                 (cons x2
                   (remb (cons x1 '()))))
               'nil
               (if (equal (car
                             (cons x2
                               (remb (cons x1 '()))))
                          '?)
                   't
                   (memb?
                     (cdr
                       (cons x2
                         (remb (cons x1 '()))))))))
       'nil)
```

```
(equal (if (equal x2 '?)
           'nil
           (if (equal (car
                        (cons x2
                          (remb (cons x1 '()))))
                      '?)
               't
               (memb?
                 (cdr
                   (cons x2
                     (remb (cons x1 '())))))))
       'nil)
```

次の2つのステップも、やっぱり簡単ですね。

⑥② 実に簡単です。

```
(equal (if (equal x2 '?)
           'nil
           (if (equal (car
                        (cons x2
                          (remb (cons x1 '()))))
                      '?)
               't
               (memb?
                 (cdr
                   (cons x2
                     (remb (cons x1 '())))))))
       'nil)
```

```
(equal (if (equal x2 '?)
           'nil
           (if (equal x2 '?)
               't
               (memb?
                 (remb (cons x1 '())))))
       'nil)
```

次のフォーカスで (equal x2 '?) が何かわかりますか？

```
(equal (if (equal x2 '?)
           'nil
           (if (equal x2 '?)
               't
               (memb? (remb (cons x1 '())))))
       'nil)
```

63 はい。if-nest-E の公理が使えます。

```
(equal (if (equal x2 '?)
           'nil
           (memb? (remb (cons x1 '()))))
       'nil)
```

またまた、どこかで見た式が出てきました[†2]。

```
(equal (if (equal x2 '?)
           'nil
           (memb? (remb (cons x1 '()))))
       'nil)
```

64 memb?/remb1 の定理は本当に便利ですね。

```
(equal (if (equal x2 '?)
           'nil
           'nil)
       'nil)
```

memb?/remb2 は定理ですか？

65 まぎれもなく定理です。

memb?/remb2 の定理の意味は何でしょう？

66 memb?/remb0 の定理や memb?/remb1 の定理と同じですが、2要素のリストについての定理です。

memb?/remb2 の定理の証明は、memb?/remb1 の定理の証明と比べて、どう違うでしょうか？

67 証明では同じステップを同じ順番にたどりましたが、memb?/remb2 の定理の証明のほうがリストが少し長く、また、memb?/remb0 の定理の代わりに memb?/remb1 の定理を証明で使いました。

memb?/remb3 の定理を証明できますか？

```
(dethm memb?/remb3 (x1 x2 x3)
  (equal
    (memb?
      (remb
        (cons x3
          (cons x2
            (cons x1 '())))))
    'nil))
```

68 もちろんです。

memb?/remb2 の定理を使って、これまでと同じ方法で証明できます。

[†2] 大リーガーの Yogi Berra なら、"It's déjà vu all over again!"（「デジャブの繰り返しだ」）というかもしれませんね。

そうですね。	⑥⑨	これ、いつまでやるんですか？
もっとも長いリストを証明するまで続けますよ。	⑦⓪	永遠に終わりそうにありませんね。
実際、終わりませんね。	⑦①	おなかも空いてきました。
その前に、J-Bob に会いに行きましょう。関数 memb? と関数 remb の証明は 172 ページ以降にあります。	⑦②	おいしいものは、それからですか？
休憩してステーキなんてどうでしょう？	⑦③	朝からステーキ、すてきです。

6
最後まで考え抜くのです

memb?/remb0 の定理、memb?/remb1 の定理、memb?/remb2 の定理、……と証明していけば、もっとずっと大きな定理を証明できるでしょうか？	①	できそうです。
その大きな定理は、どんな内容になるはずでしょう？	②	どんなリストからも remb によって '? を除去できる、という内容になるはずです。
一要素ずつ大きなリストに対応するのは、あまりうまくありませんね。	③	第4章に出てきた関数 list0?、list1?、list2? に似ていますね。
どのへんが似てますか？	④	空リストから始めて、前よりも少しだけ長いリスト用の新しい関数を、順番に定義していくところです。
少しだけ長いリスト用の新しい関数は、どんなふうに動作するんですか？	⑤	1つの要素について処理を実行してから、以前定義した関数を呼び出します。
関数を拡張して、任意の長さのリストについて動作するようにするには、どうすればいいでしょう？	⑥	ずばり、再帰ですね！
簡潔な回答、ありがとうございます。	⑦	証明にも再帰を使えるんですか？
はい、使えます。証明における再帰のことを、**帰納法**と呼びます。帰納法はすごい考え方なんですよ。どんな仕組みだと思いますか？	⑧	関数のときと同じですよね。関数のときは、空リストの場合を定義して、残りの部分については**自然な再帰**で扱うのでした。
自然な再帰というのは何ですか？	⑨	引数がリスト xs のとき、同じ関数を (cdr xs) に対して呼び出すことです。

証明でも同じように考えてみたらどうでしょう？

|10|

やってみるしかないですね！

次の memb?/remb を証明してみましょう。

```
(dethm memb?/remb (xs)
  (equal (memb? (remb xs)) 'nil))
```

|11|

前と同じ要領でいきますね。

前と同じ要領でやるのは今回で最後ですよ。memb?/remb について証明すべきなのは、次のような帰納的な主張です。

```
(if (atom xs)
    (equal (memb? (remb xs)) 'nil)
    (if (equal (memb? (remb (cdr xs))) 'nil)
        (equal (memb? (remb xs)) 'nil)
        't))
```

if 式の Answer 部と Else 部に、まったく同じものがあります。どこでしょう？

|12|

次の2か所です。これらは memb?/remb の主張ともまったく同じですね。

```
(if (atom xs)
    (equal (memb? (remb xs)) 'nil)
    (if (equal (memb? (remb (cdr xs))) 'nil)
        (equal (memb? (remb xs)) 'nil)
        't))
```

1つめの if 式の Answer 部では、空リスト（xs がアトムの場合）に対して memb?/remb の定理が成り立つ、と言っています。もう1つの if 式の Answer 部では、何を言っているでしょう？

```
(if (atom xs)
    (equal (memb? (remb xs)) 'nil)
    (if (equal (memb? (remb (cdr xs))) 'nil)
        (equal (memb? (remb xs)) 'nil)
        't))
```

|13|

もう1つの Answer 部では、空でないリスト（xs にコンスが少なくとも1つ含まれる場合）に対して memb?/remb の定理が成り立つ、と言っています。

```
(if (atom xs)
    (equal (memb? (remb xs)) 'nil)
    (if (equal (memb? (remb (cdr xs))) 'nil)
        (equal (memb? (remb xs)) 'nil)
        't))
```

次のオレンジ色の部分は、memb?/remb とまったく同じではありません。どのような点が違いますか？

```
(if (atom xs)
    (equal (memb? (remb xs)) 'nil)
    (if (equal (memb? (remb (cdr xs))) 'nil)
        (equal (memb? (remb xs)) 'nil)
        't))
```

|14|

memb?/remb の定理で xs になっている箇所が、この式では (cdr xs) になっています。ここが、いま証明しようとしている主張における、自然な再帰ということなんでしょうね。

⑮

主張について言うときは、（自然な）再帰ではなく、**帰納法のための前提**と呼びます[†1]。何の役に立つかわかりますか？

わかりません。使ってみたらわかるんじゃないでしょうか。

証明をどこから始めましょう？

```
(if (atom xs)
    (equal (memb?
              (remb xs))
           'nil)
    (if (equal (memb? (remb (cdr xs))) 'nil)
        (equal (memb? (remb xs)) nil)
        't))
```

⑯

関数 remb の定義が使えますね。

```
(if (atom xs)
    (equal (memb?
              (if (atom xs)
                  '()
                  (if (equal (car xs) '?)
                      (remb (cdr xs))
                      (cons (car xs)
                            (remb (cdr xs))))))
           'nil)
    (if (equal (memb? (remb (cdr xs))) 'nil)
        (equal (memb? (remb xs)) nil)
        't))
```

⑰

(atom xs) という前提のもとでは、次でフォーカスになっている if はどうなるでしょう？

```
(if (atom xs)
    (equal (memb?
              (if (atom xs)
                  '()
                  (if (equal (car xs) '?)
                      (remb (cdr xs))
                      (cons (car xs)
                            (remb (cdr xs))))))
           'nil)
    (if (equal (memb? (remb (cdr xs))) 'nil)
        (equal (memb? (remb xs)) nil)
        't))
```

(atom xs) なので、この入れ子の if は次のようになります。

```
(if (atom xs)
    (equal (memb?
              '())
           'nil)
    (if (equal (memb? (remb (cdr xs))) 'nil)
        (equal (memb? (remb xs)) nil)
        't))
```

それから？

```
(if (atom xs)
    (equal (memb? '())
           'nil)
    (if (equal (memb? (remb (cdr xs))) 'nil)
        (equal (memb? (remb xs)) nil)
        't))
```

⑱

関数 memb? の定義を使います。簡単ですね。

```
(if (atom xs)
    (equal (if (atom '())
               'nil
               (if (equal (car '()) '?)
                   't
                   (memb? (cdr '()))))
           'nil)
    (if (equal (memb? (remb (cdr xs))) 'nil)
        (equal (memb? (remb xs)) nil)
        't))
```

[†1] ［訳注］数学的帰納法で習う「帰納法の仮定」と同じものです。

次の Answer 部を単純な形にできますか？

```
(if (atom xs)
    (equal (if (atom '())
               'nil
               (if (equal (car '()) '?)
                   't
                   (memb? (cdr '()))))
           'nil)
    (if (equal (memb? (remb (cdr xs))) 'nil)
        (equal (memb? (remb xs)) 'nil)
        't))
```

⑲ 関数 atom、if-true の公理、equal-same の公理を使えばこうなります。

```
(if (atom xs)
    't
    (if (equal (memb? (remb (cdr xs))) 'nil)
        (equal (memb? (remb xs)) 'nil)
        't))
```

今度は、空ではないリストの場合について考えていきましょう。

```
(if (atom xs)
    't
    (if (equal (memb? (remb (cdr xs))) 'nil)
        (equal (memb?
                 (remb xs))
               'nil)
        't))
```

⑳ まず、関数 remb の定義を使います。

```
(if (atom xs)
    't
    (if (equal (memb? (remb (cdr xs))) 'nil)
        (equal (memb?
                 (if (atom xs)
                     '()
                     (if (equal (car xs) '?)
                         (remb (cdr xs))
                         (cons (car xs)
                               (remb (cdr xs))))))
               'nil)
        't))
```

次のフォーカスは、(atom xs) という前提に対する Else 部にあります。ということは、このフォーカスでは xs は空リストではありませんね。

```
(if (atom xs)
    't
    (if (equal (memb? (remb (cdr xs))) 'nil)
        (equal (memb?
                 (if (atom xs)
                     '()
                     (if (equal (car xs) '?)
                         (remb (cdr xs))
                         (cons (car xs)
                               (remb (cdr xs))))))
               'nil)
        't))
```

㉑ if-nest-E の公理が使えますね。

```
(if (atom xs)
    't
    (if (equal (memb? (remb (cdr xs))) 'nil)
        (equal (memb?
                 (if (equal (car xs) '?)
                     (remb (cdr xs))
                     (cons (car xs)
                           (remb (cdr xs)))))
               'nil)
        't))
```

さて、このフォーカスはどうしますか？

⑳

memb?/remb1 の定理や memb?/remb2 の定理を証明したときのように、Question 部が (equal (car xs) '?) である if を持ち上げます。

```
(if (atom xs)
    't
    (if (equal (memb? (remb (cdr xs))) 'nil)
        (equal (memb?
                  (if (equal (car xs) '?)
                      (remb (cdr xs))
                      (cons (car xs)
                            (remb (cdr xs)))))
               'nil)
        't))
```

```
(if (atom xs)
    't
    (if (equal (memb? (remb (cdr xs))) 'nil)
        (equal (if (equal (car xs) '?)
                   (memb? (remb (cdr xs)))
                   (memb?
                     (cons (car xs)
                           (remb (cdr xs)))))
               'nil)
        't))
```

これで、if 式の Answer 部と Else 部に memb? を押しやることができました。

次のフォーカスは、オレンジ色で示した帰納法のための前提により、'nil と等しくなります。ということは、何ができますか？

㉓

equal-if の公理により、そのフォーカスを 'nil に置き換えられます。

```
(if (atom xs)
    't
    (if (equal (memb? (remb (cdr xs))) 'nil)
        (equal (if (equal (car xs) '?)
                   (memb? (remb (cdr xs)))
                   (memb?
                     (cons (car xs)
                           (remb (cdr xs)))))
               'nil)
        't))
```

```
(if (atom xs)
    't
    (if (equal (memb? (remb (cdr xs))) 'nil)
        (equal (if (equal (car xs) '?)
                   'nil
                   (memb?
                     (cons (car xs)
                           (remb (cdr xs)))))
               'nil)
        't))
```

次はどうしますか？

㉔

ここで関数 remb が使えるんじゃないでしょうか。

```
(if (atom xs)
    't
    (if (equal (memb? (remb (cdr xs))) 'nil)
        (equal (if (equal (car xs) '?)
                   'nil
                   (memb?
                     (cons (car xs)
                           (remb (cdr xs)))))
               'nil)
        't))
```

(remb (cdr xs)) については何がわかっていますか？

㉕

帰納法のための前提から言えるのは、(memb? (remb (cdr xs))) が 'nil に等しいということなんですよね。(remb (cdr xs)) そのものをこの前提によって書き換えることはできません。

	㉖
証明ではすでにある定理を覚えておこうと言いましたが、帰納法のための前提も同じように常に頭の片隅に置いておいてください。帰納的な証明で自然な再帰が出てきても、決して書き換えないこと。帰納法のための前提を使って、単純な形への書き換えが可能になるときまで、覚えておきましょう。	覚えておきますね。

> **洞察：帰納法のための前提には手をつけるな**
>
> 帰納法のための前提が出てきても、いきなり単純な形にしようとはしないこと。その代わり、帰納法のための前提を適用できるようになるまで、前後の式を書き換えていきましょう。帰納法のための前提を適用すると、帰納的な証明はほとんど終わりになることが多いのです。

	㉗
このフォーカスで関数 memb? の定義を使いましょう。	簡単です。

```
(if (atom xs)
    't
    (if (equal (memb? (remb (cdr xs))) 'nil)
        (equal (if (equal (car xs) '?)
                   'nil
                   (memb?
                     (cons (car xs)
                           (remb (cdr xs)))))
               'nil)
        't))
```

```
(if (atom xs)
    't
    (if (equal (memb? (remb (cdr xs))) 'nil)
        (equal (if (equal (car xs) '?)
                   'nil
                   (if (atom (cons (car xs)
                                   (remb (cdr xs))))
                       'nil
                       (if (equal (car
                                    (cons (car xs)
                                          (remb (cdr xs))))
                                  '?)
                           't
                           (memb?
                             (cdr
                               (cons (car xs)
                                     (remb (cdr xs))))))))
               'nil)
        't))
```

次は？	**28** ifを1つ取り除けますね。

```
(if (atom xs)
    't
    (if (equal (memb? (remb (cdr xs))) 'nil)
        (equal (if (equal (car xs) '?)
                   'nil
                   (if (atom (cons (car xs)
                                   (remb (cdr xs))))
                       'nil
                       (if (equal (car
                                   (cons (car xs)
                                         (remb (cdr xs))))
                                  '?)
                           't
                           (memb?
                            (cdr
                             (cons (car xs)
                                   (remb
                                    (cdr xs))))))))
               'nil)
        't))
```

```
(if (atom xs)
    't
    (if (equal (memb? (remb (cdr xs))) 'nil)
        (equal (if (equal (car xs) '?)
                   'nil
                   (if (equal (car
                               (cons (car xs)
                                     (remb (cdr xs))))
                              '?)
                       't
                       (memb?
                        (cdr
                         (cons (car xs)
                               (remb
                                (cdr xs)))))))
               'nil)
        't))
```

次の2ステップは簡単ですね。	**29** car/consの公理とcdr/consの公理は、目をつぶってたって使えますよ。

```
(if (atom xs)
    't
    (if (equal (memb? (remb (cdr xs))) 'nil)
        (equal (if (equal (car xs) '?)
                   'nil
                   (if (equal (car
                               (cons (car xs)
                                     (remb
                                      (cdr xs))))
                              '?)
                       't
                       (memb?
                        (cdr
                         (cons (car xs)
                               (remb
                                (cdr xs)))))))
               'nil)
        't))
```

```
(if (atom xs)
    't
    (if (equal (memb? (remb (cdr xs))) 'nil)
        (equal (if (equal (car xs)
                          '?)
                   'nil
                   (memb?
                    (remb
                     (cdr xs))))
               'nil)
        't))
```

次のフォーカスにあるifに、何か特別なところはありますか？	**30** 同じものの入れ子になっていますね。

```
(if (atom xs)
    't
    (if (equal (memb? (remb (cdr xs))) 'nil)
        (equal (if (equal (car xs) '?)
                   'nil
                   (if (equal (car xs) '?)
                       't
                       (memb?
                        (remb (cdr xs)))))
               'nil)
        't))
```

```
(if (atom xs)
    't
    (if (equal (memb? (remb (cdr xs))) 'nil)
        (equal (if (equal (car xs) '?)
                   'nil
                   (memb?
                    (remb (cdr xs))))
               'nil)
        't))
```

次のフォーカスについてわかることは何でしょう？

```
(if (atom xs)
    't
    (if (equal (memb? (remb (cdr xs))) 'nil)
        (equal (if (equal (car xs) '?)
                   'nil
                   (memb? (remb (cdr xs))))
               'nil)
        't))
```

[31] 今回は帰納法のための前提が使えますね。

```
(if (atom xs)
    't
    (if (equal (memb? (remb (cdr xs))) 'nil)
        (equal (if (equal (car xs) '?)
                   'nil
                   'nil)
               'nil)
        't))
```

こうなると、もう自明ですね。

```
(if (atom xs)
    't
    (if (equal (memb? (remb (cdr xs))) 'nil)
        (equal (if (equal (car xs) '?)
                   'nil
                   'nil)
               'nil)
        't))
```

[32] ですね。

```
(if (atom xs)
    't
    (if (equal (memb? (remb (cdr xs))) 'nil)
        't
        't))
```

これで memb?/remb の定理の証明が終わりました。

[33] Q.E.D.

memb?/remb の定理の証明に見覚えはありましたか？

[34] はい。memb?/remb0 の定理や memb?/remb1 の定理、それに memb?/remb2 の定理の証明によく似ています。

洞察：一歩ずつ考えていって帰納法にたどり着こう

リストに対し、帰納法による証明をするときは、まず空リストに対して定理を証明し、次に1要素のリストに対して定理を証明し、それから2要素のリストに対して定理を証明し、……という具合に考えていきましょう。それらの証明に何かしらのパターンが見つかったら、帰納法による証明も同じようにして見つかるはずです。

おめでとう！ これで帰納法を使った定理の証明を学んだことになります。

[35] ほかにも帰納法を使える証明はあるんですか？

> ## リスト型帰納法による証明
>
> ある主張 C を、x という名前のリストに対する帰納法で証明するには、下記を証明する。
>
> $$(\text{if (atom } x) \ C \ (\text{if } C_{cdr} \ C \ \text{'t}))$$
>
> ただし、C_{cdr} は、主張 C の中に出てくる x を (cdr x) で置き換えた主張である。

「生命、宇宙、そしで万物についての究極の疑問の答え」[†2]はわかりましたか？	[36] まさか。でも、帰納法の使い方はわかりました。
ということは、これで帰納法のための前提をどう使うかわかった、ということですね？	[37] いいえ、まだ完全にはわかっていません。この章をもう1回読めばわかるかも。
かもしれません。J-Bob は帰納法の手伝いもしてくれます。memb?/remb の定理の証明は 174 ページからです。	[38] あとでやってみます。
チョコレートパフェでも食べましょう。	[39] ちゃんとした朝ごはんを食べないと強くなれませんよ。

[†2] Douglas Adams(1952〜2001)の作品を読みましょう。

7
びっくりスター！

| 1 |

関数ctx?は、引数に'?が含まれれば't を、含まれなければnilを返します。(ctx? '())の値は何になりますか？

'nilです。'()には'?がありませんから。

| 2 |

(ctx? '(a (? ?) c))の値は何になりますか？

'tです。'(a (? ?) c)には'?が含まれますから。

| 3 |

関数ctx?を定義してください。

```
(defun ctx? (x)
  (if (atom x)
      (equal x '?)
      (if (ctx? (car x))
          't
          (ctx? (cdr x)))))
```

尺度: (size x)

| 4 |

関数ctx?が全域関数であることを示すには、次の主張を証明する必要があります[†1]。

```
(if (natp (size x))
    (if (atom x)
        't
        (if (< (size (car x)) (size x))
            (if (ctx? (car x))
                't
                (< (size (cdr x)) (size x)))
            'nil))
```

関数ctx?が全域であるという主張の中に、まだ全域かどうか判明していない関数ctx?による適用が含まれていますが、この関数適用に対してDefunの法則を使わなければ問題ありません。

natp/sizeの公理により、(size x)は自然数です。ifを1つ取り除けます。

```
(if (atom x)
    't
    (if (< (size (car x)) (size x))
        (if (ctx? (car x))
            't
            (< (size (cdr x)) (size x)))
        'nil))
```

[†1] この関数が全域であるという主張は、本書の中でも特に複雑なものです。全域性の主張をどうやって構成するのかは、第8章で詳しく説明します。

オレンジ色で示した前提を考慮すると、`size` を比較している 2 つの箇所をどうにかできそうですね。

⑤ `<` の適用が出てくる 1 つめの箇所では、`size/car` の公理を使えます。`<` の適用が出てくる 2 つめの箇所では、`size/cdr` の公理を使えます。

```
(if (atom x)
    't
    (if (< (size (car x)) (size x))
        (if (ctx? (car x))
            't
            (< (size (cdr x)) (size x)))
        'nil))
```

```
(if (atom x)
    't
    (if 't
        (if (ctx? (car x))
            't
            't)
        'nil))
```

次はどうしましょう？

⑥ 証明は事実上終わりです。

第 4 章の 88 コマめ（55 ページ）の `sub` を思い出しましょう。

⑦
```
(dethm ctx?/sub (x y)
  (if (ctx? x)
      (if (ctx? y)
          (equal (ctx? (sub x y)) 't)
          't)
      't))
```

```
(defun sub (x y)
  (if (atom y)
      (if (equal y '?)
          x
          y)
      (cons (sub x (car y))
            (sub x (cdr y)))))
```
尺度: `(size y)`

`ctx?/sub` は定理になっているでしょうか？

x と y に `'?` が含まれていれば `(sub x y)` にも `'?` が含まれる、という主張を書いてみてください。

それを知るには証明するしかありません。その証明で、帰納法を使えるでしょうか？

⑧ たぶん。
　でも、`sub` と `ctx?` は、`remb` や `memb?` とはずいぶん勝手が違いますね。

どのへんが違いますか？

⑨ 関数 `sub` と関数 `ctx?` の定義では、`cdr` だけでなく `car` に対しても自然な再帰があります。関数 `remb` と関数 `memb?` の定義で自然な再帰があるのは、`cdr` に対してだけでした。

> ### スター型帰納法による証明[†2]
>
> ある主張 C を、x という名前の変数の car に対する帰納法と cdr に対する帰納法によって証明するには、下記を証明する。
>
> (if (atom x) C (if C_{car} (if C_{cdr} C 't) 't))
>
> ただし、C_{car} は C に出てくる x を (car x) で置き換えた主張、C_{cdr} は C に出てくる x を (cdr x) で置き換えた主張とする。

⑩

新しく登場したスター型帰納法を y に対して使ってみましょう。

```
(if (ctx? x)
    (if (ctx? y)
        (equal (ctx? (sub x y)) 't)
        't)
    't)
```

帰納法を使ったら主張が長くなっちゃいました！

```
(if (atom y)
    (if (ctx? x)
        (if (ctx? y)
            (equal (ctx? (sub x y)) 't)
            't)
        't)
    (if (if (ctx? x)
            (if (ctx? (car y))
                (equal (ctx? (sub x (car y))) 't)
                't)
            't)
        (if (if (ctx? x)
                (if (ctx? (cdr y))
                    (equal (ctx? (sub x (cdr y))) 't)
                    't)
                't)
            (if (ctx? x)
                (if (ctx? y)
                    (equal (ctx? (sub x y)) 't)
                    't)
                't)
            't)
        't))
```

[†2] [訳注]「スター」というのは、"The Little Schemer"(『Scheme 手習い』)で導入される概念で、car と cdr の両方に対する再帰で定義される関数のことを指します。

いままでと違って、cdrについての帰納法のための前提だけでなく、carについての帰納法のための前提もあります。もともとの主張は、次のオレンジ色の部分で示したように、形を変えて全部で4つ出てきます。1つめは、yがアトムの場合に出てきます。4つめは、yがコンスの場合に出てきます。残りの2つ（2つめと3つめ）は、帰納法のための前提として出てきます。この主張を短くできるでしょうか？

```
(if (atom y)
    (if (ctx? x)
        (if (ctx? y)
            (equal (ctx? (sub x y)) 't)
            't)
        't)
    (if (if (ctx? x)
            (if (ctx? (car y))
                (equal (ctx? (sub x (car y))) 't)
                't)
            't)
        (if (if (ctx? x)
                (if (ctx? (cdr y))
                    (equal (ctx? (sub x (cdr y))) 't)
                    't)
                't)
            (if (if (ctx? x)
                    (if (ctx? y)
                        (equal (ctx? (sub x y)) 't)
                        't)
                    't)
                't)
            't))
        't))
```

⑪

はい。(ctx? x)についてifを持ち上げることで短くできます。さらに、if-sameの公理を3回使って、いちばん外側のif式のElse部を'tに単純化すれば、こうなります。

```
(if (ctx? x)
    (if (atom y)
        (if (ctx? y)
            (equal (ctx? (sub x y)) 't)
            't)
        (if (if (ctx? (car y))
                (equal (ctx? (sub x (car y))) 't)
                't)
            (if (if (ctx? (cdr y))
                    (equal (ctx? (sub x (cdr y))) 't)
                    't)
                (if (ctx? y)
                    (equal (ctx? (sub x y)) 't)
                    't)
                't))
        't))
    't)
```

洞察：Ifをまとめよ

同じQuestion部のifがたくさんあったなら、「Ifの持ち上げ」を使って1つのifにまとめましょう。そのようなifは、関数適用やQuestion部の外側へと持ち上げましょう。

(7. びっくりスター！) 91

ここで関数 sub の定義を使いましょう。

```
(if (ctx? x)
    (if (atom y)
        (if (ctx? y)
            (equal (ctx? (sub x y))
                   't)
            (if (if (ctx? (car y))
                    (equal (ctx? (sub x (car y))) 't)
                    't)
                (if (if (ctx? (cdr y))
                        (equal (ctx? (sub x (cdr y))) 't)
                        't)
                    (if (ctx? y)
                        (equal (ctx? (sub x y)) 't)
                        't)
                    't))
                't))
    't)
```

⑫ (atom y) という前提があるので、if-nest-A の公理も使えて、こうなりました。

```
(if (ctx? x)
    (if (atom y)
        (if (ctx? y)
            (equal (ctx? (if (equal y '?)
                             x
                             y))
                   't)
            (if (if (ctx? (car y))
                    (equal (ctx? (sub x (car y))) 't)
                    't)
                (if (if (ctx? (cdr y))
                        (equal (ctx? (sub x (cdr y))) 't)
                        't)
                    (if (ctx? y)
                        (equal (ctx? (sub x y)) 't)
                        't)
                    't))
                't))
    't)
```

ここで (ctx? (if (equal y '?) x y)) を展開しておきますか？

```
(if (ctx? x)
    (if (atom y)
        (if (ctx? y)
            (equal (ctx? (if (equal y '?)
                             x
                             y))
                   't)
            (if (if (ctx? (car y))
                    (equal (ctx? (sub x (car y))) 't)
                    't)
                (if (if (ctx? (cdr y))
                        (equal (ctx? (sub x (cdr y))) 't)
                        't)
                    (if (ctx? y)
                        (equal (ctx? (sub x y)) 't)
                        't)
                    't))
                't))
    't)
```

⑬ いいえ。その if を持ち上げて、ctx? と equal の外に出しましょう。

```
(if (ctx? x)
    (if (atom y)
        (if (ctx? y)
            (if (equal y '?)
                (equal (ctx? x) 't)
                (equal (ctx? y) 't))
            (if (if (ctx? (car y))
                    (equal (ctx? (sub x (car y))) 't)
                    't)
                (if (if (ctx? (cdr y))
                        (equal (ctx? (sub x (cdr y))) 't)
                        't)
                    (if (ctx? y)
                        (equal (ctx? (sub x y)) 't)
                        't)
                    't))
                't))
    't)
```

⑭ (ctx? x) という前提が真の場合、その if の Answer 部にある (ctx? x) を 't に置き換えられるでしょうか？

置き換えてよいのではないでしょうか。真である前提はすべて 't に置き換えられるべきだと思うのですが、そうではないんですか？

```
(if (ctx? x)
    (if (atom y)
        (if (ctx? y)
            (if (equal y '?)
                (equal (ctx? x) 't)
                (equal (ctx? y) 't))
            't)
        (if (if (ctx? (car y))
                (equal (ctx? (sub x (car y))) 't)
                't)
            (if (if (ctx? (cdr y))
                    (equal (ctx? (sub x (cdr y))) 't)
                    't)
                (if (ctx? y)
                    (equal (ctx? (sub x y)) 't)
                    't)
                't))
        't)
```

⑮ if は全域関数だから、そうとも限らないのです。Question 部が 't や 'nil 以外の値になることもありえるでしょう。

それはそうですね。それにしても、意外です。

⑯ では、この場合について考えましょう。(ctx? x) が真のとき、't に置き換えてもかまわないでしょうか？

かまわないはずです。ctx? は 't または 'nil にしかなりませんから。

⑰ (ctx? x) を 't に置き換えるための定理はありますか？

知りません。まず、(ctx? x) が 't に等しいことを証明する必要があります。

⑱ その証明には何ステップかかりますか？

わかりません。関数 ctx? は再帰的なので、またまた帰納法を使うことになるでしょう。

⑲ そのような場合には、「(ctx? x) が真なら、(ctx? x) は 't に等しい」という新しい主張を作りましょう。

それなら簡単です。

```
(dethm ctx?/t (x)
  (if (ctx? x)
      (equal (ctx? x) 't)
      't))
```

(7. びっくりスター！) 93

> **洞察：帰納法の補助定理を作るべし**
>
> 帰納法の対象である再帰関数が適用されている部分を書き換えるために、その関数についての補助定理を用意して証明しておきましょう。この方法がうまくいくのは、次のいずれかの場合です。
> - 補助定理の証明に帰納法がいらない場合
> - 帰納法が必要であったとしても、違う種類の再帰に対するものである場合
> - 帰納法が必要であったとしても、違う引数に対するものである場合

⑳

次のフォーカスで ctx?/t を使えるでしょうか？

```
(if (ctx? x)
    (if (atom y)
        (if (ctx? y)
            (if (equal y '?)
                (equal (ctx? x) 't)
                (equal (ctx? y) 't))
            't)
        (if (if (ctx? (car y))
                (equal (ctx? (sub x (car y))) 't)
                't)
            (if (if (ctx? (cdr y))
                    (equal (ctx? (sub x (cdr y))) 't)
                    't)
                (if (ctx? y)
                    (equal (ctx? (sub x y)) 't)
                    't)
                't))
        't)
```

はい、オレンジ色で示した前提があるので使えます。あとで ctx?/t の証明はしないといけませんけどね。

```
(if (ctx? x)
    (if (atom y)
        (if (ctx? y)
            (if(equal y '?)
                (equal 't 't)
                (equal 't 't))
            't)
        (if (if (ctx? (car y))
                (equal (ctx? (sub x (car y))) 't)
                't)
            (if (if (ctx? (cdr y))
                    (equal (ctx? (sub x (cdr y))) 't)
                    't)
                (if (ctx? y)
                    (equal (ctx? (sub x y)) 't)
                    't)
                't))
        't)
```

㉑

次のフォーカスに対して何かできることはありますか？

```
(if (ctx? x)
    (if (atom y)
        (if (ctx? y)
            (if (equal y '?)
                (equal 't 't)
                (equal 't 't))
            't)
        (if (if (ctx? (car y))
                (equal (ctx? (sub x (car y))) 't)
                't)
            (if (if (ctx? (cdr y))
                    (equal (ctx? (sub x (cdr y))) 't)
                    't)
                (if (ctx? y)
                    (equal (ctx? (sub x y)) 't)
                    't)
                't))
        't)
```

equal-same の公理と if-same の公理を使って、フォーカス全体を 't に書き換えられます。

```
(if (ctx? x)
    (if (atom y)
        't
        (if (if (ctx? (car y))
                (equal (ctx? (sub x (car y))) 't)
                't)
            (if (if (ctx? (cdr y))
                    (equal (ctx? (sub x (cdr y))) 't)
                    't)
                (if (ctx? y)
                    (equal (ctx? (sub x y)) 't)
                    't)
                't))
    't)
```

ctx?/t の証明も必要ですか？

[22] 確実に必要ですね。

関数 sub の定義を使って結果を単純な形にしましょう。

```
(if (ctx? x)
    (if (atom y)
        't
        (if (if (ctx? (car y))
                (equal (ctx? (sub x (car y))) 't)
                't)
            (if (if (ctx? (cdr y))
                    (equal (ctx? (sub x (cdr y))) 't)
                    't)
                (if (ctx? y)
                    (equal (ctx? (sub x y))
                           't)
                    't)
                't))
        't))
```

[23] そうしましょう。if-nest-E の公理と、(atom y) という前提を使いますね。

```
(if (ctx? x)
    (if (atom y)
        't
        (if (if (ctx? (car y))
                (equal (ctx? (sub x (car y))) 't)
                't)
            (if (if (ctx? (cdr y))
                    (equal (ctx? (sub x (cdr y))) 't)
                    't)
                (if (ctx? y)
                    (equal (ctx? (cons (sub x (car y))
                                       (sub x (cdr y))))
                           't)
                    't)
                't))
        't))
```

今度は関数 ctx? の定義を使いましょう。やはり結果は単純な形にしてください。

```
(if (ctx? x)
    (if (atom y)
        't
        (if (if (ctx? (car y))
                (equal (ctx? (sub x (car y))) 't)
                't)
            (if (if (ctx? (cdr y))
                    (equal (ctx? (sub x (cdr y))) 't)
                    't)
                (if (ctx? y)
                    (equal (ctx? (cons (sub x (car y))
                                       (sub x (cdr y))))
                           't)
                    't)
                't))
        't))
```

[24] atom/cons の公理、car/cons の公理、cdr/cons の公理、if-false の公理を使いました。

```
(if (ctx? x)
    (if (atom y)
        't
        (if (if (ctx? (car y))
                (equal (ctx? (sub x (car y))) 't)
                't)
            (if (if (ctx? (cdr y))
                    (equal (ctx? (sub x (cdr y))) 't)
                    't)
                (if (ctx? y)
                    (equal (if (ctx? (sub x (car y)))
                               't
                               (ctx? (sub x (cdr y))))
                           't)
                    't)
                't))
        't))
```

⑤

ここで関数 ctx? の適用を書き換えたほうがよいでしょうか？ オレンジ色の部分です。

書き換えないほうがいいです。それらは、それぞれ、帰納法のための前提の一部です。むしろ、それらのすぐ上にある if 式の Question 部を書き換えましょう。

```
(if (ctx? x)
    (if (atom y)
        't
        (if (if (ctx? (car y))
                (equal (ctx? (sub x (car y))) 't)
                't)
            (if (if (ctx? (cdr y))
                    (equal (ctx? (sub x (cdr y))) 't)
                    't)
                (if (ctx? y)
                    (equal (if (ctx? (sub x (car y)))
                               't
                               (ctx? (sub x (cdr y))))
                           't)
                    't)
                't))
        't))
    't)
```

```
(if (ctx? x)
    (if (atom y)
        't
        (if (if (ctx? (car y))
                (equal (ctx? (sub x (car y))) 't)
                't)
            (if (if (ctx? (cdr y))
                    (equal (ctx? (sub x (cdr y))) 't)
                    't)
                (if (if (ctx? (car y))
                        't
                        (ctx? (cdr y)))
                    (equal (if (ctx? (sub x (car y)))
                               't
                               (ctx? (sub x (cdr y))))
                           't)
                    't)
                't))
        't))
    't)
```

⑥

Question 部がまったく同じ if が 2 つありますね。

その 2 つの Question 部を持つ if は持ち上げておくべきですね。if-true の公理も 2 回使いましょう。

```
(if (ctx? x)
    (if (atom y)
        't
        (if (if (ctx? (car y))
                (equal (ctx? (sub x (car y))) 't)
                't)
            (if (if (ctx? (cdr y))
                    (equal (ctx? (sub x (cdr y))) 't)
                    't)
                (if (if (ctx? (car y))
                        't
                        (ctx? (cdr y)))
                    (equal (if (ctx? (sub x (car y)))
                               't
                               (ctx? (sub x (cdr y))))
                           't)
                    't)
                't))
        't))
    't)
```

```
(if (ctx? x)
    (if (atom y)
        't
        (if (ctx? (car y))
            (if (equal (ctx? (sub x (car y))) 't)
                (if (if (ctx? (cdr y))
                        (equal (ctx? (sub x (cdr y))) 't)
                        't)
                    (equal (if (ctx? (sub x (car y)))
                               't
                               (ctx? (sub x (cdr y))))
                           't)
                    't)
                't)
            (if (if (ctx? (cdr y))
                    (equal (ctx? (sub x (cdr y))) 't)
                    't)
                (if (ctx? (cdr y))
                    (equal (if (ctx? (sub x (car y)))
                               't
                               (ctx? (sub x (cdr y))))
                           't)
                    't)
                't)))
        't)))
    't)
```

ここで帰納法のための前提を使えます。

```
(if (ctx? x)
    (if (atom y)
        't
        (if (ctx? (car y))
            (if (equal (ctx? (sub x (car y))) 't)
                (if (if (ctx? (cdr y))
                        (equal (ctx? (sub x (cdr y))) 't)
                        't)
                    (equal (if (ctx? (sub x (car y)))
                               't
                               (ctx? (sub x (cdr y))))
                           't)
                    't)
                (if (if (ctx? (cdr y))
                        (equal (ctx? (sub x (cdr y))) 't)
                        't)
                    (if (ctx? (cdr y))
                        (equal (if (ctx? (sub x (car y)))
                                   't
                                   (ctx? (sub x (cdr y))))
                               't)
                        't)
                    't)))
        't)
```

〔27〕

続けていくと、ここの Answer 部が 't になります。

```
(if (ctx? x)
    (if (atom y)
        't
        (if (ctx? (car y))
            't
            (if (if (ctx? (cdr y))
                    (equal (ctx? (sub x (cdr y))) 't)
                    't)
                (if (ctx? (cdr y))
                    (equal (if (ctx? (sub x (car y)))
                               't
                               (ctx? (sub x (cdr y))))
                           't)
                    't)
                't)))
        't)
```

ここにも同じ Question 部の if が 2 つありますね。

```
(if (ctx? x)
    (if (atom y)
        't
        (if (ctx? (car y))
            't
            (if (if (ctx? (cdr y))
                    (equal (ctx? (sub x (cdr y))) 't)
                    't)
                (if (ctx? (cdr y))
                    (equal (if (ctx? (sub x (car y)))
                               't
                               (ctx? (sub x (cdr y))))
                           't)
                    't)
                't)))
        't)
```

〔28〕

if の持ち上げをしてから、if-same の公理を使いましょう。

```
(if (ctx? x)
    (if (atom y)
        't
        (if (ctx? (car y))
            't
            (if (ctx? (cdr y))
                (if (equal (ctx? (sub x (cdr y))) 't)
                    (equal (if (ctx? (sub x (car y)))
                               't
                               (ctx? (sub x (cdr y))))
                           't)
                    't))
                't))
        't)
```

ほかにも使える帰納法のための前提がありますね。

㉙

```
(if (ctx? x)
    (if (atom y)
        't
        (if (ctx? (car y))
            't
            (if (ctx? (cdr y))
                (if (equal (ctx? (sub x (cdr y))) 't)
                    (equal (if (ctx? (sub x (car y)))
                               't
                               (ctx? (sub x (cdr y))))
                           't)
                    't)
                't)))
    't)
```

あとは簡単ですね。

't

まだですよ！

㉚

そうでした。20 コマめから、ctx?/t の証明を保留にしたままでした。

下記に、ctx?/t の主張を示します。この主張に帰納法は必要でしょうか？

㉛

```
(if (ctx? x)
    (equal (ctx? x) 't)
    't)
```

必要です。関数 ctx? の定義はスター型、つまり car と cdr の両方に対して再帰が使われていますから。

```
(if (atom x)
    (if (ctx? x)
        (equal (ctx? x) 't)
        't)
    (if (if (ctx? (car x))
            (equal (ctx? (car x)) 't)
            't)
        (if (if (ctx? (cdr x))
                (equal (ctx? (cdr x)) 't)
                't)
            (if (ctx? x)
                (equal (ctx? x) 't)
                't)
            't)
        't))
```

次の2つのフォーカスに対して関数 ctx? の定義を使いましょう。

```
(if (atom x)
    (if (ctx? x)
        (equal (ctx? x) 't)
        't)
    (if (if (ctx? (car x))
            (equal (ctx? (car x)) 't)
            't)
        (if (if (ctx? (cdr x))
                (equal (ctx? (cdr x)) 't)
                't)
            (if (ctx? x)
                (equal (ctx? x) 't)
                't)
            't)
        't))
```

それから、(atom x) という前提と、if-nest-Aの公理を使うことで、出てくる if が2つ取り除けてこうなります。

```
(if (atom x)
    (if (equal x '?)
        (equal (equal x '?) 't)
        't)
    (if (if (ctx? (car x))
            (equal (ctx? (car x)) 't)
            't)
        (if (if (ctx? (cdr x))
                (equal (ctx? (cdr x)) 't)
                't)
            (if (ctx? x)
                (equal (ctx? x) 't)
                't)
            't)
        't))
```

次にすることは明らかですよね？

```
(if (atom x)
    (if (equal x '?)
        (equal (equal x[†3 '?) 't)
        't)
    (if (if (ctx? (car x))
            (equal (ctx? (car x)) 't)
            't)
        (if (if (ctx? (cdr x))
                (equal (ctx? (cdr x)) 't)
                't)
            (if (ctx? x)
                (equal (ctx? x) 't)
                't)
            't)
        't))
```

はい、明らかです。

```
(if (atom x)
    (if (equal x '?)
        (equal (equal '? '?) 't)
        't)
    (if (if (ctx? (car x))
            (equal (ctx? (car x)) 't)
            't)
        (if (if (ctx? (cdr x))
                (equal (ctx? (cdr x)) 't)
                't)
            (if (ctx? x)
                (equal (ctx? x) 't)
                't)
            't)
        't))
```

---

†3 ここがフォーカスですよ！

(7. びっくりスター！) 99

次のステップですることは何でしょう？

```
(if (atom x)
    (if (equal x '?)
        (equal (equal '?'?) 't)
        't)
    (if (if (ctx? (car x))
            (equal (ctx? (car x)) 't)
            't)
        (if (if (ctx? (cdr x))
                (equal (ctx? (cdr x)) 't)
                't)
            (if (ctx? x)
                (equal (ctx? x) 't)
                't)
            't)
        't))
```

[34]

次にすることは、実際には3ステップですね。equal-sameの公理を使い、もう1回equal-sameの公理を使い、それからif-sameの公理を使います。

```
(if (atom x)
    't
    (if (if (ctx? (car x))
            (equal (ctx? (car x)) 't)
            't)
        (if (if (ctx? (cdr x))
                (equal (ctx? (cdr x)) 't)
                't)
            (if (ctx? x)
                (equal (ctx? x) 't)
                't)
            't)
        't))
```

次は、次の2つのフォーカスに対して、関数ctx?の定義、if-nest-Eの公理、それから、オレンジ色で示した前提を使いましょう。

```
(if (atom x)
    't
    (if (if (ctx? (car x))
            (equal (ctx? (car x)) 't)
            't)
        (if (if (ctx? (cdr x))
                (equal (ctx? (cdr x)) 't)
                't)
            (if (ctx? x)
                (equal (ctx? x) 't)
                't)
            't)
        't))
```

[35]

わかりました。

```
(if (atom x)
    't
    (if (if (ctx? (car x))
            (equal (ctx? (car x)) 't)
            't)
        (if (if (ctx? (cdr x))
                (equal (ctx? (cdr x)) 't)
                't)
            (if (if (ctx? (car x))
                    't
                    (ctx? (cdr x)))
                (equal (if (ctx? (car x))
                           't
                           (ctx? (cdr x)))
                       't)
                't)
            't)
        't))
```

36

オレンジ色で示した3つのifに共通していることは何でしょう？

```
(if (atom x)
    't
    (if (if (ctx? (car x))
            (equal (ctx? (car x)) 't)
            't)
        (if (if (ctx? (cdr x))
                (equal (ctx? (cdr x)) 't)
                't)
            (if (if (ctx? (car x))
                    't
                    (ctx? (cdr x)))
                (equal (if (ctx? (car x))
                           't
                           (ctx? (cdr x)))
                       't)
                't)
            't)
        't))
```

この3つのifは、どれも(ctx? (car x))というQuestion部を持っています。ということは、ifの持ち上げができますね。さらに、下記でオレンジ色にした前提が偽の場合についてif-trueの公理を1回使い、2つめのオレンジ色の式を得るためにはequal-sameの公理とif-trueの公理を使っています。

```
(if (atom x)
    't
    (if (ctx? (car x))
        (if (equal (ctx? (car x)) 't)
            (if (if (ctx? (cdr x))
                    (equal (ctx? (cdr x)) 't)
                    't)
                't
                't)
            't)
        (if (if (ctx? (cdr x))
                (equal (ctx? (cdr x)) 't)
                't)
            (if (ctx? (cdr x))
                (equal (ctx? (cdr x)) 't)
                't)
            't)))
```

37

次にすることは明らかですよね。

```
(if (atom x)
    't
    (if (ctx? (car x))
        (if (equal (ctx? (car x)) 't)
            (if (if (ctx? (cdr x))
                    (equal (ctx? (cdr x)) 't)
                    't)
                't
                't)
            't)
        (if (if (ctx? (cdr x))
                (equal (ctx? (cdr x)) 't)
                't)
            (if (ctx? (cdr x))
                (equal (ctx? (cdr x)) 't)
                't)
            't)))
```

はい。if-sameの公理を2回使えばいいのでした。

```
(if (atom x)
    't
    (if (ctx? (car x))
        't
        (if (if (ctx? (cdr x))
                (equal (ctx? (cdr x)) 't)
                't)
            (if (ctx? (cdr x))
                (equal (ctx? (cdr x)) 't)
                't)
            't)))
```

下記にオレンジ色で示した2つの`if`には、何か共通点があるでしょうか？

⟦38⟧

どちらも Question 部が`(ctx? (cdr x))`なので、`if`の持ち上げができます。最後の Else 部を`if-same`の公理で単純化すると、こうなります。

```
(if (atom x)
    't
    (if (ctx? (car x))
        't
        (if (if (ctx? (cdr x))
                (equal (ctx? (cdr x)) 't)
                't)
            (if (ctx? (cdr x))
                (equal (ctx? (cdr x)) 't)
                't)
            't)))
```

```
(if (atom x)
    't
    (if (ctx? (car x))
        't
        (if (ctx? (cdr x))
            (if (equal (ctx? (cdr x)) 't)
                (equal (ctx? (cdr x)) 't)
                't)
            't)))
```

それからどうしますか？

⟦39⟧

帰納法のための前提を使って`(ctx? (cdr x))`を書き換えます。`equal-same`の公理を使えば、次のフォーカスの`'t`が得られます。

```
(if (atom x)
    't
    (if (ctx? (car x))
        't
        (if (ctx? (cdr x))
            (if (equal (ctx? (cdr x)) 't)
                (equal (ctx? (cdr x)) 't)
                't)
            't)))
```

```
(if (atom x)
    't
    (if (ctx? (car x))
        't
        (if (ctx? (cdr x))
            (if (equal (ctx? (cdr x)) 't)
                't
                't)
            't)))
```

次は？

⟦40⟧

これで`ctx?/t`と`ctx?/sub`の証明は終わりです。

スター型帰納法を J-Bob で試してみましょうね。175 ページに完全な証明を載せてあります。

⟦41⟧

試してみましょうかね。

8
これがルールです

この関数は見覚えがありますね。

```
(defun member? (x ys)
  (if (atom ys)
      'nil
      (if (equal x (car ys))
          't
          (member? x (cdr ys)))))
```

尺度：(size ys)

では、アトムのリストを引数にとり、そのリストに重複がなかったら'tを返し、そうでなかったら'nilを返す関数set?を定義してください。

1

関数member?を使えば簡単ですね。

```
(defun set? (xs)
  (if (atom xs)
      't
      (if (member? (car xs) (cdr xs))
          'nil
          (set? (cdr xs)))))
```

尺度：(size xs)

関数member?が全域的であることを証明するには、次の主張が必要です。

```
(if (natp (size ys))
    (if (atom ys)
        't
        (if (equal x (car ys))
            't
            (< (size (cdr ys)) (size ys))))
    'nil)
```

2

いつものように、natp/sizeの公理とif-trueの公理を使って、外側にあるifは取り除きましょう。

```
(if (atom ys)
    't
    (if (equal x (car ys))
        't
        (< (size (cdr ys)) (size ys))))
```

size/cdrの公理と、(atom ys)という前提を使うと、どうなりますか？

```
(if (atom ys)
    't
    (if (equal x (car ys))
        't
        (< (size (cdr ys)) (size ys))))
```

3

それもおなじみですね。

```
(if (atom ys)
    't
    (if (equal x (car ys))
        't
        't))
```

もう終わってしまいました。

```
(if (atom ys)
    't
    (if (equal x (car ys))
        't
        't))
```

4

if-sameの公理を2回使うだけですね。

```
't
```

⑤

それでは、関数set?の全域性についての主張に移りましょう。証明には、関数member?のときとまったく同じ、6つのステップを踏みます。関数set?と関数member?の全域性の証明で異なるのはどんな点でしょう？

```
(if (natp (size xs))
    (if (atom xs)
        't
        (if (member? (car xs) (cdr xs))
            't
            (< (size (cdr xs)) (size xs))))
    'nil)
```

(equal x (car ys))という式が、(member? (car xs) (cdr xs))に置き換わります。でも、どちらもこのQuestion部には関係なく証明できます。というわけで、Q.E.D.です。

't

⑥

ここにatomsという関数の定義があります。atomsについての主張を書き下して証明できますか？

```
(defun atoms (x)
  (add-atoms x '()))
```

関数add-atomsが何だかわからないので、できません。

⑦

関数add-atomsの定義はこれです。これで関数atomsについての主張を証明できるようになりましたか？

```
(defun add-atoms (x ys)
  (if (atom x)
      (if (member? x ys)
          ys
          (cons x ys))
      (add-atoms (car x)
        (add-atoms (cdr x) ys))))
尺度: (size x)
```

関数add-atomsが全域関数かどうかわからないので、まだ無理です。

⑧

関数add-atomsが全域関数かどうかを判別するには、何が必要ですか？

関数add-atomsの全域性についての主張が必要です。

⑨

いいですね。関数add-atomsには、全域性についての主張があるでしょうか？

知りませんよ。

⑩

全域性についての主張によって、関数についてどんなことがわかるのでしょうか？

全域性についての主張によって、その関数の尺度が再帰呼び出しのたびに減少することがわかります。

そのとおり。関数 add-atoms に対して、全域性についての主張を書き下せますか？	⑪	たぶん。
関数 add-atoms の尺度は何でしょう？	⑫	(size x) が尺度です。
関数 add-atoms は再帰的に適用されますか？	⑬	はい。 (add-atoms (car x) (add-atoms (cdr x) ys))
いま書き下したいのは、 (add-atoms (car x) (add-atoms (cdr x) ys)) について (size x) という尺度が減少する、ということです。この再帰的な関数の適用について尺度が減少するというのは、どういうことを意味するでしょう？	⑭	よくわかりません。
(add-atoms (car x) (add-atoms (cdr x) ys)) という再帰的な関数の適用に対して、Defun の法則を使うとしたら、どう使いますか？	⑮	関数 add-atoms の定義の本体に出てくる x を (car x) で、ys を (add-atoms (cdr x) ys) で置き換えます。
関数 add-atoms の尺度についても同じようにしましょう。	⑯	(size x) に出てくる x を (car x) で、ys を (add-atoms (cdr x) ys) で置き換える、ということですか？
そうです。	⑰	(size (car x)) になりますね。

ですよね。つまり、

```
(add-atoms (car x)
    (add-atoms (cdr x) ys))
```

という再帰的な関数の適用に対する尺度は `(size (car x))` ということです。この再帰的な関数の適用について尺度が減少するというのは、どういうことを意味するでしょう?

⑱ たぶんですが、この再帰的な関数の適用についての尺度が、関数 add-atoms の尺度よりも小さくなるということ?

その主張を式にするとどうなりますか?

⑲ `(< (size (car x)) (size x))` という式になります。これが関数 add-atoms の全域性についての主張なんでしょうか?

まだ違います。再帰的な関数の適用は、もう1つ残ってますよ。

⑳ そうでした。関数 add-atoms の1つめの再帰的な関数適用における、2つめの引数は、やはり再帰的な関数適用になっていますね。

```
(add-atoms (cdr x) ys)
```

関数 add-atoms における、そちらの再帰的な関数適用については、尺度は何になるでしょう?

㉑ `(size x)` における x を `(cdr x)` で、ys を ys で置き換えると、`(size (cdr x))` になります。

それで?

㉒ それから、そちらの再帰的な関数適用についての尺度が減少する、という主張を式にして、こうなります。

```
(< (size (cdr x)) (size x))
```

そうですね。これで、関数 add-atoms の中に2つある再帰的な関数適用のそれぞれについて、尺度が減少しなければならないという主張を書き下せたことになります。その両方が真でなければならない、という主張を書き下してみましょう。

㉓ それは簡単ですね。

```
(if (< (size (car x)) (size x))
    (< (size (cdr x)) (size x))
    'nil)
```

これが関数 add-atoms の全域性についての主張なんでしょうか?

いいえ。全域性についての主張は、まだ完成 ㉔ 思ってますよ。
してません。23 コマめの主張で、
(< (size (car x)) (size x)) および
(< (size (cdr x)) (size x))
がどちらも真である、という主張になってい
ると思いますか？

連言

式 e_1、…、e_n の**連言**とは、e_1、…、e_n のそれぞれが真でなければならないということ。

- 0 個の式の連言は、'tである。
- 1 個の式 e_1 の連言は、e_1 である。
- 2 個の式 e_1 と e_2 の連言は、e_2 が 't の場合は e_1、e_1 が 't の場合は e_2、それ以外の場合は (if e_1 e_2 'nil) である。
- 3 個以上の式 e_1、e_2、…、e_n の連言は、e_1 と、e_2 から e_n までの連言との連言である。

---

23 コマめの主張で言っていることは何で ㉕ 関数 add-atoms の尺度が、関数の 2 つの再帰
すか？ 的な適用によって減少しなければならない、
と言っています。

関数 add-atoms が、自分自身を再帰的に呼び ㉖ x がアトムでない場合です。
出すのは、どんな場合ですか？

そのとおり。したがって、関数 add-atoms が ㉗ x がアトムである場合については、どうすれ
全域関数かどうかを知るために必要なのは、 ばいいんですか？
x がアトムでない場合について 23 コマめの主
張を証明するだけですそのように主張を言い
換えましょう。

x がアトムの場合には、関数 add-atoms に再帰的な関数の適用は出てきません。したがって、証明することは何もありません。	㉘ そういうことなら、新しい主張はこうなります。
	
	``
	(if (atom x)
	    't
	    (if (< (size (car x)) (size x))
	        (< (size (cdr x)) (size x))
	        'nil))
	``
	
	これが関数 add-atoms に対する全域性についての主張というわけですね。

残念でした。でも、かなりいい線まできていますよ。	㉙ それならよかった。次はどうするんですか？
ここまでに書き下したのは、関数 add-atoms の尺度が再帰的な呼び出しが起きた場合に減少する、という主張です。では、この減少はいつまで続くのでしょう？	㉚ どんなに多くても (size x) 回ですね。

現状の主張から、尺度が (size x) 回を越えて減少することはない、と言えますか？	㉛ ああ、なるほど、それが足りなかったのか！
	
	``
	(if (natp (size x))
	    (if (atom x)
	        't
	        (if (< (size (car x)) (size x))
	            (< (size (cdr x)) (size x))
	            'nil))
	    'nil)
	``

全域性についての主張の作り方

関数 (defun *name* (x_1 ... x_n) *body*) および尺度 m が与えられたら、*body* の部分式に対して次のようにして主張を構成する。

- 変数およびクォートされたリテラルであれば、't を主張とする。
- Q、A、E に対する主張が c_q、c_a、c_e であるとき、(if Q A E) であれば、c_a および c_e が同じなら c_q と c_a の連言を主張とし、そうでなければ c_q と (if Q c_a c_e) の連言とする。
- それ以外の式 E については、E に出てくる再帰的な関数適用 (*name* e_1 ... e_n) を調べる。まず、尺度 m に出てくる x_1 を e_1 に、...、x_n を e_n に置き換えることで、再帰的な関数適用に対する尺度 m_r を作る。E についての主張は、E に出てくる再帰的な関数適用のそれぞれについての (< m_r m) の連言とする。

関数 *name* の全域性についての主張は、(natp m) と *body* に対する主張の連言になる。

32

それこそが、関数 add-atoms に対する全域性についての主張です。

これでようやく完成ですか。

33

これで、関数 add-atoms に対する全域性の主張を証明できますね。

```
(if (natp (size x))
    (if (atom x)
        't
        (if (< (size (car x)) (size x))
            (< (size (cdr x)) (size x))
            'nil))
    'nil)
```

簡単ですね。

't

関数 add-atoms について何か証明しますか？

34

その前にちょっと休憩しましょう。この全域性の J-Bob による証明は 178 ページにあります。J-Bob がどうやって全域性についての主張を構成しているかは、付録 C で読めます。

10 時のおやつにしてもいいですね。

9
ルールを変えるには

関数 add-atoms と関数 atoms が全域関数だとわかったところで、これらの関数についての主張を書き下して証明できるようになったでしょうか？	1️⃣ いいえ、まだ、関数 add-atoms の定義を理解できていません。
関数 add-atoms は、1つめの引数に何らかの値をとり、2つめの引数には互いに異なるアトムからなるリストをとって、1つめの引数に含まれるアトムのうち2つめの引数に含まれないものをすべて2つめの引数のリストに追加します。(add-atoms '(a . (b . (c . a))) '(d a e))†1 の値は何になりますか？	2️⃣ '(b c d a e) です。
次の値は何になりますか？ (add-atoms '((a . b) . (c . a)) '(d a e))	3️⃣ '(b c d a e) です。
次の値は何になりますか？ (add-atoms 'a '(d a e))	4️⃣ '(d a e) です。
次の値は何になりますか？ (add-atoms 'b '(d a e))	5️⃣ '(b d a e) です。
次の値は何になりますか？ (atoms '(((a . b) . (c . a)) . (d . (a . e))))	6️⃣ '(b c d a e) です。
これで関数 atoms に関する主張を書けるようになりましたね。 ``` (dethm set?/atoms (a) (equal (set? (atoms a)) 't)) ```	7️⃣ その主張を証明してみましょう。

---

†1 クォートされたリテラルの中に出てくる (x . y) という表記は、(cons 'x 'y) の結果を表します。cons の2つめの引数がリストであれば、コンスを明記した書き方だけをするものとします。ただし、本章と次の第10章では、関数と証明を簡潔に書くために、この制約を無視しています。

次のフォーカスについて何ができるでしょう？

```
(equal (set? (atoms a)) 't)
```

⑧ まずは関数 atoms の定義を使ってみます。

```
(equal (set? (add-atoms a '())) 't)
```

次はどうしますか？

⑨ 関数 add-atoms の引数 a は、アトムか入れ子になったコンスペアのいずれかです。なので、スター型帰納法が使えます。

帰納法を使うには、関数 add-atoms に関する定理を別に用意したほうがいいですね。

⑩ そうですね。これでどうでしょう。

```
(dethm set?/add-atoms (a)
  (equal (set? (add-atoms a '())) 't))
```

証明すべき帰納的な主張は何ですか？

```
(equal (set? (add-atoms a '())) 't)
```

⑪ これです。

```
(if (atom a)
    (equal (set? (add-atoms a '())) 't)
    (if (equal (set? (add-atoms (car a) '())) 't)
        (if (equal (set? (add-atoms (cdr a) '())) 't)
            (equal (set? (add-atoms a '())) 't)
            't)
        't))
```

次のフォーカスの a と '() に対して関数 add-atoms の定義を使ってみましょう。そのときに起きる再帰的な関数適用は、帰納法のための前提にマッチするでしょうか？

⑫ いいえ、マッチしません。(car a) に対する帰納法のための前提と、(car a) に対する再帰的な関数適用とは、異なっています。帰納法のための前提では2つめの引数が '() で、再帰的な関数適用では2つめの引数が (add-atoms (cdr a) '()) です。

```
(if (atom a)
    (equal (set? (add-atoms a '())) 't)
    (if (equal (set? (add-atoms (car a) '())) 't)
        (if (equal (set? (add-atoms (cdr a) '())) 't)
            (equal (set?
                     (add-atoms a '()))
                   't)
            't)
        't))
```

```
(if (atom a)
    (equal (set? (add-atoms a '())) 't)
    (if (equal (set? (add-atoms (car a) '())) 't)
        (if (equal (set? (add-atoms (cdr a) '())) 't)
            (equal (set?
                     (if (atom a)
                         (if (member? a '())
                             '()
                             (cons a '()))
                         (add-atoms (car a)
                           (add-atoms (cdr a) '()))))
                   't)
            't)
        't))
```

⑬ リスト型帰納法と、スター型帰納法しか知らないんですが、どちらも関数add-atomsに出てくる再帰とは違うようです。

この証明では、スター型帰納法は使えそうにありませんね。この関数に合った帰納法のための前提が必要です。

⑭ 関数add-atomsでは、自然な再帰が使われているでしょうか？

はい。1つの引数についてだけは、自然な再帰です。引数xが、再帰的な関数適用によって、(car x)と(cdr x)に置き換えられています。ただし、ysのほうは、片方の再帰的な関数適用ではそのままですが、もう1つの関数適用では(add-atoms (cdr x) ys)になっているので、自然な再帰とはいえませんね。

```
(add-atoms (car x)
  (add-atoms (cdr x) ys))
```
が自然な再帰ではないのは、なぜですか？

⑮ 自然な再帰では、どの引数も、同じままか、与えられた引数の構造の一部分に置き換えられます。(add-atoms (cdr x) ys)の引数は、ysと同じままでもないし、ysの構造の一部分になっているわけでもありません。関数add-atomsで使われているのが自然な再帰ではないのに、帰納法でset?/atomsを証明できるのでしょうか？

⑯ 何か希望はないんですか？

帰納法のための前提は、証明にとっては自然な再帰です。自然な再帰がなかったら、その証明には帰納法のための前提として適切なものがないということです。行き詰まってしまいました。

⑰ そんな帰納法があるんですか？

あります。しかし、関数add-atomsに出てくる再帰にマッチするような種類の帰納法が必要です。

⑱ そんなことが可能なんですか！ ということは、関数add-atomsのためだけに、まったく新しい種類の帰納法を作れるということですか？

新しい種類の帰納法を「作れば」よいのです。どんな全域的な再帰関数についてでも、その関数に含まれる再帰をもとにして、帰納的な主張を常に書き下せます。

	⑲	11コマめの主張ではだめですか？ `(equal (set? (add-atoms a '())) 't)`
そのとおりです。そのためには、まず、その新しい種類の帰納法を使えるように関数add-atomsに関する主張を書き下す必要があります。		
それから始めるのがよさそうですね。しかし、帰納法のための前提としてうまく使えるようにするには、関数add-atomsの引数が変数になっている必要があります。どちらの引数も変数になっているような、より一般的な主張を書き下せないものでしょうか？	⑳	たぶんできます。 `(equal (set? (add-atoms a bs)) 't)`
その主張は、真ですか？	㉑	いいえ。次のような反例があります。 `(equal (set? (add-atoms 'a '(b b))) 't)`
その主張が成立するためには、bsについて何が成り立っていなければならないでしょう？	㉒	bsが重複のないリストであれば、(add-atoms a bs)も重複のないリストになります。

それを主張として書き下せますか？	㉓	こうですね。
		``
		(dethm set?/add-atoms (a bs)
		  (if (set? bs)
		      (equal (set? (add-atoms a bs)) 't)
		      't))
		``
		関数add-atomsについての帰納法は、どう進めればいいのでしょう？

set?/add-atomsについての帰納的な主張で言うべきことは何ですか？	㉔	それがわからないんですよ。
set?/add-atomsについての帰納的な主張で言うべきことは、「関数add-atomsが再帰的に呼ばれない場合にはset?/add-atomsは真であり、再帰的に呼ばれる場合にはその関数適用の引数についてset?/add-atomsが真であるならばもとの引数についても真である」です。	㉕	それをどうやって書き下せばいいんですか？

関数 add-atoms が再帰的でないのは、どんな場合ですか？	㉖ x がアトムの場合、関数 add-atoms は再帰的ではありません。

その場合については、set?/add-atoms が真であるという必要がありますよね。	㉗ つまり、このように書き下せばいいわけですね。
	
	``
	(if (set? bs)
	    (equal (set? (add-atoms a bs)) 't)
	    't)
	``
	
	ここまでは簡単です。

そうですね。それ以外の場合についてはどうでしょう？	㉘ x がアトムではない場合ですね。

その場合も、set?/add-atoms が真であるという必要があります。	㉙ こんな単純な帰納的主張でいいんですか？
	
	``
	(if (set? bs)
	    (equal (set? (add-atoms a bs)) 't)
	    't)
	``

よくありません。関数 add-atoms に出てくる再帰的な関数適用を何とかする必要があります。最初に出てくる再帰的な関数適用は何ですか？	㉚ ``` (add-atoms (car x) (add-atoms (cdr x) ys)) ``` です。
この再帰的な関数適用の引数について、set?/add-atoms が成り立つという主張を書き下さないといけません。	㉛ つまり、set?/add-atoms に出てくる x を (car x) に、ys を (add-atoms (cdr x) ys) に置き換えるわけですね。
半分正解。set?/add-atoms には x や ys が出てきますか？	㉜ いや、出てきませんね。
帰納的な主張で使われる変数が、もとになっている再帰的な関数適用と同じ変数とは限りません。20 コマめで、set?/add-atoms に出てくる関数 add-atoms への引数として、変数を使いましたよね。その変数は何ですか？	㉝ a と bs です。

x と ys の代わりに a と bs を使うと、関数 add-atoms に出てくる最初の再帰的な関数適用は何になりますか？ ③④	```
(add-atoms (car a)
  (add-atoms (cdr a) bs))
```
です。 |
| 特にこの再帰的な関数適用の引数について set?/add-atoms が成り立つ、と言うには、どうすればよいでしょうか？ ③⑤ | set?/add-atoms に出てくる a を (car a) に、bs を (add-atoms (cdr a) bs) に置き換えます。 |
| いいでしょう。結果はどうなりますか？ ③⑥ | ```
(if (set? (add-atoms (cdr a) bs))
    (equal (set? (add-atoms (car a)
                   (add-atoms (cdr a) bs)))
           't)
    't)
```
これからどうしましょう？ |
| (add-atoms (cdr a) bs) という再帰的な関数適用が残ってますね。 ③⑦ | ひょっとして、set?/add-atoms に出てくる a を (cdr a) に、bs を bs に置き換えればいいのかな？ |
| そうです。 ③⑧ | こうなりますが、この式はいったい何を表しているんですか？<br><br>```
(if (set? bs)
    (equal (set? (add-atoms (cdr a) bs))
           't)
    't)
``` |
| 36 コマめと 38 コマめの式が、set?/add-atoms の帰納的な主張に現れるべき帰納法のための前提です。 ③⑨ | なんと。 |

帰納法のための前提

主張 c、再帰的な関数適用 $(name\ e_1\ \ldots\ e_n)$、変数 $x_1\ \ldots\ x_n$ について、この関数適用に対する帰納法のための前提は、c に出てくる x_1 を e_1 に、…、x_n を e_n に置き換えたものになる。
```

	40
| 今度は、それらの帰納法のための前提が両方とも真であれば set?/add-atoms も真でなければならない、という主張を書き下してみてください。 | ```
(if (if (set? (add-atoms (cdr a) bs))
        (equal (set? (add-atoms (car a)
                                (add-atoms (cdr a) bs)))
               't)
        't)
    (if (if (set? bs)
            (equal (set? (add-atoms (cdr a) bs))
                   't)
            't)
        (if (set? bs)
            (equal (set? (add-atoms a bs))
                   't)
            't)
        't)
    't)
``` |

	41
この式は本当に、36コマめと38コマめの帰納法のための前提が真であれば set?/add-atoms も真でなければならない、という主張を書き下したものですか？	間違いありません。

含意

いくつかの前提から結論が「示唆」されることを、**含意**という。つまり、前提 $e_1 \ldots e_n$ が真のときには帰結 e_0 もまた真でなければならない、ということである。

- 前提が0個の場合、含意は e_0 によって表す。
- 前提が1個の場合、その前提を e_1 とすると、含意は (if e_1 e_0 't) によって表す。
- 2個以上の前提がある場合には、それらを e_1 e_2 $\ldots$ e_n とすると、e_1 が「e_2 $\ldots$ e_n の連言が帰結 e_0 を含意する」ということを含意する、と表す。

	42
set?/add-atoms についての主張を、a がアトムの場合については27コマめで、a がアトムではない場合については40コマめで書き下せました。	あとは何をすればいいですか？
```

もちろん、2つの場合を1つにまとめるんですよ。

㊸ それならできます。

```
(if (atom a)
    (if (set? bs)
        (equal (set? (add-atoms a bs)) 't)
      't)
  (if (if (set? (add-atoms (cdr a) bs))
          (equal (set? (add-atoms (car a)
                                  (add-atoms (cdr a) bs)))
                 't)
        't)
      (if (if (set? bs)
              (equal (set? (add-atoms (cdr a) bs))
                     't)
            't)
          (if (set? bs)
              (equal (set? (add-atoms a bs)) 't)
            't)
        't)
    't))
```

Defun帰納法

主張 c、関数 (defun $name_f$ (x_1 ... x_n) $body_f$)、変数 y_1 ... y_n に対し、$body_f$ の x_1 を y_1 に、...、x_n を y_n に置き換えた $body_i$ の部分式についての主張を次のように構成する。

- (if Q A E) については、A に対する主張を c_a、E に対する主張を c_e として、「Qの帰納法のための前提が c_{ae} を含意する」を主張とする。ただし c_{ae} は、c_a と c_e が等しい場合は c_a で、それ以外の場合については (if Q c_a c_e) である。
- その他の式 E については、「E の帰納法のための前提は c を含意する」を主張とする。

c の帰納的な主張は、このように構成される $body_i$ 全体に対する主張である。

それが、関数 add-atoms の定義に基づく帰納法を使うときの、set?/add-atoms に対する帰納的な主張です。

㊹ 簡単ですね！

ほんとに簡単ですか？

㊺ いいえ、うそです。

いまさっき書き下したのは、関数 add-atoms に基づく Defun 帰納法によって set?/add-atoms を証明するための主張です。

㊻ すごい！ Defun 帰納法は、リスト型帰納法やスター型帰納法とどう違うんですか？

|47|

実際には、どれも違いはありません。リスト型帰納法も、スター型帰納法も、Defun帰納法から派生したものです。それぞれの帰納法における前提は、関数を適切に定めれば、Defun帰納法によって同じものが得られますよ。

それらの関数を見せてください。

|48|

リスト型帰納法で使うのは、次のようなlist-inductionという関数です。

```
(defun list-induction (x)
  (if (atom x)
      '()
      (cons (car x)
            (list-induction (cdr x)))))
```

尺度: (size x)

スター型帰納法についてもお願いします。

|49|

スター型帰納法では、もちろん、star-inductionという関数の定義を使います。

```
(defun star-induction (x)
  (if (atom x)
      x
      (cons (star-induction (car x))
            (star-induction (cdr x)))))
```

尺度: (size x)

一般的な帰納法の形式で使える関数は、ほかにも何かありますか？

|50|

思い当たりませんが、こういうのは思わぬタイミングで突然出てくるんですよね。

Defun帰納法は、自分たちで書くどんな関数でも使えるのでしょうか？

|51|

帰納的な主張を構成する方法にしろ、全域性の主張を構成する方法にしろ、どんな関数に対しても構成はできます。特にある種の関数ではうまく構成できます。

うまくいくのはどんな関数ですか？

|52|

帰納的な主張を構成するときも、全域性の主張を構成するときも、すべてのif式が外側にあることを想定しています。関数適用の引数にあるif式は無視されます。

関数適用の引数にif式があったらどうなりますか？

defunで定義した関数が全域的であっても、あるいはdethmで定義した定理が実際に真であっても、証明できない主張が得られる場合もあります。

53 そんなときはどうすればいいんですか？

どこにif式が現れてもうまくいくような全域性の主張と帰納的な主張を作り出す巧妙な方法はあります。しかし、if式をすべて外側に追い出すように関数を書き換えることは常に可能ですよね。

54 どうやって？

ifの持ち上げですよ！

55 そうでした。ということは、あらゆる全域的な関数に対し、全域性の主張と帰納的な主張を書けるんですね。

いいえ、あらゆる全域的な関数というわけにはいきません[†2]。学ぶべきことは尽きないのです。

56 そろそろ証明に戻りましょうよ！

では、あらためて、関数add-atomsの定義に基づくDefun帰納法を使ってset?/add-atomsを証明してみましょう。

```
(dethm set?/add-atoms (a bs)
  (if (set? bs)
      (equal (set? (add-atoms a bs)) 't)
      't))
```

57 43コマめの帰納的な主張を再掲します。

```
(if (atom a)
    (if (set? bs)
        (equal (set? (add-atoms a bs)) 't)
        't)
    (if (if (set? (add-atoms (cdr a) bs))
            (equal (set? (add-atoms (car a)
                                    (add-atoms (cdr a) bs)))
                   't)
            't)
        (if (if (set? bs)
                (equal (set? (add-atoms (cdr a) bs)) 't)
                't)
            (if (set? bs)
                (equal (set? (add-atoms a bs)) 't)
                't)
            't)
        't))
```

[†2] 関数によっては、全域的であっても自然数の尺度を持たないものがあります。**順序数**を使えば、もっと多くの関数の全域性が証明可能になるでしょう。209ページで紹介する参考文献をあたってみてください。

関数 add-atoms の定義、if-nest-A の公理、前提 (atom a) を使いましょう。

⑱

はい、それは簡単です。

```
(if (atom a)
    (if (set? bs)
        (equal (set? (add-atoms a bs))
               't)
        (if (if (set? (add-atoms (cdr a) bs))
                (equal (set? (add-atoms (car a)
                                        (add-atoms (cdr a) bs)))
                       't)
                't)
            (if (if (set? bs)
                    (equal (set? (add-atoms (cdr a) bs)) 't)
                    't)
                (if (set? bs)
                    (equal (set? (add-atoms a bs)) 't)
                    't)
                't)
            't))
```

```
(if (atom a)
    (if (set? bs)
        (equal (set? (if (member? a bs)
                         bs
                         (cons a bs)))
               't)
        (if (if (set? (add-atoms (cdr a) bs))
                (equal (set? (add-atoms (car a)
                                        (add-atoms (cdr a) bs)))
                       't)
                't)
            (if (if (set? bs)
                    (equal (set? (add-atoms (cdr a) bs)) 't)
                    't)
                (if (set? bs)
                    (equal (set? (add-atoms a bs)) 't)
                    't)
                't)
            't))
```

次はどうしますか？

⑲

(member? a bs) について if の持ち上げをします。

```
(if (atom a)
    (if (set? bs)
        (equal (set? (if (member? a bs)
                         bs
                         (cons a bs)))
               't)
        (if (if (set? (add-atoms (cdr a) bs))
                (equal (set? (add-atoms (car a)
                                        (add-atoms (cdr a) bs)))
                       't)
                't)
            (if (if (set? bs)
                    (equal (set? (add-atoms (cdr a) bs)) 't)
                    't)
                (if (set? bs)
                    (equal (set? (add-atoms a bs)) 't)
                    't)
                't)
            't))
```

```
(if (atom a)
    (if (set? bs)
        (equal (if (member? a bs)
                   (set? bs)
                   (set? (cons a bs)))
               't)
        (if (if (set? (add-atoms (cdr a) bs))
                (equal (set? (add-atoms (car a)
                                        (add-atoms (cdr a) bs)))
                       't)
                't)
            (if (if (set? bs)
                    (equal (set? (add-atoms (cdr a) bs)) 't)
                    't)
                (if (set? bs)
                    (equal (set? (add-atoms a bs)) 't)
                    't)
                't)
            't))
```

60

(set? bs)は、次のオレンジ色で示した前提が真のとき、'tになるはずですよね。

そう考えるのが自然ですよね。

```
(if (atom a)
    (if (set? bs)
        (equal (if (member? a bs)
                   (set? bs)
                   (set? (cons a bs)))
               't)
        (if (if (set? (add-atoms (cdr a) bs))
                (equal (set? (add-atoms (car a)
                                        (add-atoms (cdr a) bs)))
                       't)
                't)
            (if (if (set? bs)
                    (equal (set? (add-atoms (cdr a) bs)) 't)
                    't)
                (if (set? bs)
                    (equal (set? (add-atoms a bs)) 't)
                    't)
                't)
            't))
```

```
(if (atom a)
    (if (set? bs)
        (equal (if (member? a bs)
                   't
                   (set? (cons a bs)))
               't)
        (if (if (set? (add-atoms (cdr a) bs))
                (equal (set? (add-atoms (car a)
                                        (add-atoms (cdr a) bs)))
                       't)
                't)
            (if (if (set? bs)
                    (equal (set? (add-atoms (cdr a) bs)) 't)
                    't)
                (if (set? bs)
                    (equal (set? (add-atoms a bs)) 't)
                    't)
                't)
            't))
```

61

どうしてそんなことができるんですか？

次のset?/tという主張を使います。

```
(dethm set?/t (xs)
  (if (set? xs)
      (equal (set? xs) 't)
      't))
```

第7章の19コマめ（92ページ）に出てきたctx?/tのように、set?/tを別の主張として用意します。最終的にはこれも証明しないといけません。

次のフォーカスで、(cons a bs)という引数に対して関数set?の定義を使いましょう。

```
(if (atom a)
    (if (set? bs)
        (equal (if (member? a bs)
                   't
                   (set? (cons a bs)))
               't)
        't)
    (if (if (set? (add-atoms (cdr a) bs))
            (equal (set? (add-atoms (car a)
                                    (add-atoms (cdr a) bs)))
                   't)
            't)
        (if (if (set? bs)
                (equal (set? (add-atoms (cdr a) bs)) 't)
                't)
            (if (set? bs)
                (equal (set? (add-atoms a bs)) 't)
                't)
            't)
        't))
```

その結果を、atom/consの公理、car/consの公理、cdr/consの公理を2回、if-falseの公理を使って単純な形にすると、こうなります。

```
(if (atom a)
    (if (set? bs)
        (equal (if (member? a bs)
                   't
                   (if (member? a bs)
                       'nil
                       (set? bs)))
               't)
        't)
    (if (if (set? (add-atoms (cdr a) bs))
            (equal (set? (add-atoms (car a)
                                    (add-atoms (cdr a) bs)))
                   't)
            't)
        (if (if (set? bs)
                (equal (set? (add-atoms (cdr a) bs)) 't)
                't)
            (if (set? bs)
                (equal (set? (add-atoms a bs)) 't)
                't)
            't)
        't))
```

(set? bs)という前提と、(member? a bs)という前提が、うまく使えそうですね。

では、それらの前提を使っていきましょう。

```
(if (atom a)
    (if (set? bs)
        (equal (if (member? a bs)
                   't
                   (if (member? a bs)
                       'nil
                       (set? bs)))
               't)
        't)
    (if (if (set? (add-atoms (cdr a) bs))
            (equal (set? (add-atoms (car a)
                                    (add-atoms (cdr a) bs)))
                   't)
            't)
        (if (if (set? bs)
                (equal (set? (add-atoms (cdr a) bs)) 't)
                't)
            (if (set? bs)
                (equal (set? (add-atoms a bs)) 't)
                't)
            't)
        't))
```

さらに書き換えを少しすれば、aがアトムの場合は終わりですね。

```
(if (atom a)
    't
    (if (if (set? (add-atoms (cdr a) bs))
            (equal (set? (add-atoms (car a)
                                    (add-atoms (cdr a) bs)))
                   't)
            't)
        (if (if (set? bs)
                (equal (set? (add-atoms (cdr a) bs)) 't)
                't)
            (if (set? bs)
                (equal (set? (add-atoms a bs)) 't)
                't)
            't)
        't))
```

64

オレンジ色で示した2つの`if`に共通点はありますか？

```
(if (atom a)
    't
    (if (if (set? (add-atoms (cdr a) bs))
            (equal (set? (add-atoms (car a)
                             (add-atoms (cdr a) bs)))
                   't)
            't)
        (if (if (set? bs)
                (equal (set? (add-atoms (cdr a) bs)) 't)
                't)
            (if (set? bs)
                (equal (set? (add-atoms a bs)) 't)
                't)
            't)
        't))
```

Question部が同じです。なので、`if`の持ち上げを使ってまとめられます。さらに最後のElse部で`if-same`を2回使うと、こうなります。

```
(if (atom a)
    't
    (if (set? bs)
        (if (if (set? (add-atoms (cdr a) bs))
                (equal (set? (add-atoms (car a)
                                 (add-atoms (cdr a) bs)))
                       't)
                't)
            (if (equal (set? (add-atoms (cdr a) bs)) 't)
                (equal (set? (add-atoms a bs)) 't)
                't)
            't)
        't))
```

65

下記にオレンジ色で示した2つの`if`式のQuestion部は、どちらも事実上`(set? (add-atoms (cdr a) bs))`が真かどうかを尋ねる内容です。なので、これも`if`の持ち上げができます。

```
(if (atom a)
    't
    (if (set? bs)
        (if (if (set? (add-atoms (cdr a) bs))
                (equal (set? (add-atoms (car a)
                                 (add-atoms (cdr a) bs)))
                       't)
                't)
            (if (equal (set? (add-atoms (cdr a) bs)) 't)
                (equal (set? (add-atoms a bs)) 't)
                't)
            't)
        't))
```

さらに、新しい`if`式のElse部を、`if-true`の公理で単純な形にできますね。

```
(if (atom a)
    't
    (if (set? bs)
        (if (set? (add-atoms (cdr a) bs))
            (if (equal (set? (add-atoms (car a)
                                 (add-atoms (cdr a) bs)))
                       't)
                (if (equal (set? (add-atoms (cdr a) bs)) 't)
                    (equal (set? (add-atoms a bs)) 't)
                    't)
                't)
            (if (equal (set? (add-atoms (cdr a) bs)) 't)
                (equal (set? (add-atoms a bs)) 't)
                't))
        't))
```

66

下記にオレンジ色で示した if 式の Question 部は、どちらも同じ、(set? (add-atoms cdr a) bs)) という意味です。しかし、if-nest-A や if-nest-E で単純な形にはできません。これらを書き換える方法は何かあるでしょうか？

(set? (add-atoms (cdr a) bs)) という前提が真の場合には、set?/t によって 't になります。この前提が偽の場合には、'nil です。

```
(if (atom a)
    't
    (if (set? bs)
        (if (set? (add-atoms (cdr a) bs))
            (if (equal (set? (add-atoms (car a)
                                        (add-atoms (cdr a) bs)))
                       't)
                (if (equal (set? (add-atoms (cdr a) bs)) 't)
                    (equal (set? (add-atoms a bs)) 't)
                    't)
                't)
            (if (equal (set? (add-atoms (cdr a) bs)) 't)
                (equal (set? (add-atoms a bs)) 't)
                't))
        't))
```

67

だとしたら、'nil に等しいという新しい主張が必要ですね。

もっともですね。

```
(dethm set?/nil (xs)
  (if (set? xs)
      't
      (equal (set? xs) 'nil)))
```

68

さっそく新しい定理を使いましょう。

そうですね。set?/t と set?/nil を、次のオレンジ色で示した前提のもとで使いましょう。

```
(if (atom a)
    't
    (if (set? bs)
        (if (set? (add-atoms (cdr a) bs))
            (if (equal (set? (add-atoms (car a)
                                        (add-atoms (cdr a) bs)))
                       't)
                (if (equal (set? (add-atoms (cdr a) bs)) 't)
                    (equal (set? (add-atoms a bs)) 't)
                    't)
                't)
            (if (equal (set? (add-atoms (cdr a) bs)) 't)
                (equal (set? (add-atoms a bs)) 't)
                't))
        't))
```

```
(if (atom a)
    't
    (if (set? bs)
        (if (set? (add-atoms (cdr a) bs))
            (if (equal (set? (add-atoms (car a)
                                        (add-atoms (cdr a) bs)))
                       't)
                (if (equal 't 't)
                    (equal (set? (add-atoms a bs)) 't)
                    't)
                't)
            (if (equal 'nil 't)
                (equal (set? (add-atoms a bs)) 't)
                't))
        't))
```

下記でフォーカスをあてている`if`を、両方とも単純な形にしてください。

```
(if (atom a)
    't
    (if (set? bs)
        (if (set? (add-atoms (cdr a) bs))
            (if (equal (set? (add-atoms (car a)
                                       (add-atoms (cdr a) bs)))
                       't)
                (if (equal 't 't)
                    (equal (set? (add-atoms a bs)) 't)
                    't)
                't)
            (if (equal 'nil 't)
                (equal (set? (add-atoms a bs)) 't)
                't))
        't))
```

⑲ 簡単ですね。関数`equal`の定義を2回と、`if-true`の公理、`if-false`の公理を使います。

```
(if (atom a)
    't
    (if (set? bs)
        (if (set? (add-atoms (cdr a) bs))
            (if (equal (set? (add-atoms (car a)
                                       (add-atoms (cdr a) bs)))
                       't)
                (equal (set? (add-atoms a bs)) 't)
                't)
            't)
        't))
```

関数`add-atoms`の定義を使いましょう。

```
(if (atom a)
    't
    (if (set? bs)
        (if (set? (add-atoms (cdr a) bs))
            (if (equal (set? (add-atoms (car a)
                                       (add-atoms (cdr a) bs)))
                       't)
                (equal (set? (add-atoms a bs))
                       't)
                't)
            't)
        't))
```

⑳ `if-nest-E`の公理と、いちばん外側の前提とを使って、`if`を1つ取り除いておきますね。

```
(if (atom a)
    't
    (if (set? bs)
        (if (set? (add-atoms (cdr a) bs))
            (if (equal (set? (add-atoms (car a)
                                       (add-atoms (cdr a) bs)))
                       't)
                (equal (set? (add-atoms (car a)
                                       (add-atoms (cdr a) bs)))
                       't)
                't)
            't)
        't))
```

それからどうしますか？

```
(if (atom a)
    't
    (if (set? bs)
        (if (set? (add-atoms (cdr a) bs))
            (if (equal (set? (add-atoms (car a)
                                       (add-atoms (cdr a) bs)))
                       't)
                (equal (set? (add-atoms (car a)
                                       (add-atoms (cdr a) bs)))
                       't)
                't)
            't)
        't))
```

㉑ これでようやく、帰納法のための前提の1つめが使えます。

```
(if (atom a)
    't
    (if (set? bs)
        (if (set? (add-atoms (cdr a) bs))
            (if (equal (set? (add-atoms (car a)
                                       (add-atoms (cdr a) bs)))
                       't)
                't
                't)
            't)
        't))
```

これで、まあ、終わりですね。

9. ルールを変えるには

⟦72⟧

set?/atoms の定理に戻りましょう。証明の準備は整いましたか？

```
(dethm set?/atoms (a)
  (equal (set? (atoms a)) 't))
```

そうだといいのですが。

⟦73⟧

この定理の証明は、ちょっとだけ意外で、ちょっとだけ楽しく、ちょっとだけで終わります。

ちょっとどきどき。

⟦74⟧

まずは関数 atoms を使います。

`(equal (set? (atoms a)) 't)`

いいでしょう。set?/add-atoms の定理も使えますか？

`(equal (set? (add-atoms a '())) 't)`

⟦75⟧

まだです。何かしら前提が必要です。そこで、if-true の公理を使いましょう。

`(equal (set? (add-atoms a '())) 't)`

if-true の公理を使うことで、必要なときにいつでも前提を導入できます。これが、この証明からわかる意外な事実の 1 つめです。

次の式の前提を (set? '()) にしたいのですが、どうすれば 't を (set? '()) に書き換えられるんでしょう？

```
(if 't
    (equal (set? (add-atoms a '())) 't)
    't)
```

⟦76⟧

if-true の公理により、関数 set? の定義の本体で xs を '() としたような Answer 部と Else 部に持つ if 式に、't を書き換えてみましょう。

```
(if 't
    (equal (set? (add-atoms a '())) 't)
    't)
```

ここで、この証明からわかる意外な事実の 2 つめです。if-true の公理により、Else 部に好きな式を持ち出せます。

こうなりました。if 式の Question 部はどうすればいいんですか？

```
(if (if 't
        't
        (if (member? (car '()) (cdr '()))
            'nil
            (set? (cdr '()))))
    (equal (set? (add-atoms a '())) 't)
    't)
```

関数 atom を使って、やはり関数 set? の定義における if 式の Question 部の xs を '() に置き換えたものへと、't を書き換えましょう。

```
(if (if 't
       't
       (if (member? (car '()) (cdr '()))
           'nil
           (set? (cdr '()))))
    (equal (set? (add-atoms a '())) 't)
    't)
```

ここで、この証明からわかる意外な事実の 3 つめです。't と (atom '()) は等しいので、関数 atom は逆向きに使えるのです。

[77] それからどうするんですか？

```
(if (if (atom '())
        't
        (if (member? (car '()) (cdr '()))
            'nil
            (set? (cdr '()))))
    (equal (set? (add-atoms a '())) 't)
    't)
```

---

xs を '() にして関数 set? の定義を使いましょう！

```
(if (if (atom '())
        't
        (if (member? (car '()) (cdr '()))
            'nil
            (set? (cdr '()))))
    (equal (set? (add-atoms a '())) 't)
    't)
```

この証明からわかる 4 つめにして最後の意外な事実は、Defun の法則を使うことで、関数 set? の定義の本体で xs を '() にしたものを、関数 set? による適用の形に書き換えられるということです。

[78] ここで set?/add-atoms の定理が使えますね。

```
(if (set? '())
    (equal (set? (add-atoms a '())) 't)
    't)
```

そのとおり。

```
(if (set? '())
    (equal (set? (add-atoms a '())) 't)
    't)
```

[79] これでほぼ終わりですね。

't

ちょっと楽しかったでしょ？

[80] それに、意外な事実がたくさんわかりました。

---

set?/t と set?/nil を証明しないといけませんかね。

[81] しないといけませんね。

J-Bob でやりましょう。178 ページです。

[82] J-Bob で Defun 帰納法も試せるんですか？

もちろんです。付録Aには、J-BobでDefun帰納法を使う方法が書いてあります。付録Cでは、どのようにしてJ-Bobが帰納的な主張を構成しているかを示していますよ。	⑧³ 教えてくれてありがとうございます。
Defun帰納法について学ぶべきことは、これで全部です。	⑧⁴ 全部っていうのは言い過ぎですよね。
必要なら、この章をもう一度読み返してください。Defun帰納法の理解には時間がかかるものです。	⑧⁵ 確かに、時間をかけないとわかりませんね。

10
いつかはスターで一直線

次の式の値は何になりますか？
 	
``
(cons
  (cons
    (cons
      (cons 'french 'toast)
      'and)
    'maple)
  'syrup)
``
	① `'((((french . toast) . and) . maple) . syrup)`
	です。

その値にはいくつコンスがありますか？ `'((((french . toast) . and) . maple) . syrup)`	② 「.」がコンス1つなので、4つあります。
次の式の値は何になりますか？ ``` (rotate '((((french . toast) . and) . maple) . syrup)) ```	③ `'(((french . toast) . and) . (maple . syrup))` です。
その値にはいくつコンスがありますか？ `'(((french . toast) . and) . (maple . syrup))`	④ やはり4つあります。
次の式の値は何になりますか？ ``` (rotate '(((french . toast) . and) . (maple . syrup))) : ```	⑤ `'((french . toast) . (and . (maple . syrup)))` です。
その値にはいくつコンスがありますか？ `'((french . toast) . (and . (maple . syrup)))`	⑥ これも4つあります。
次の式の値は何になりますか？ ``` (rotate '((french . toast) . (and . (maple . syrup)))) ```	⑦ `'(french . (toast . (and . (maple . syrup))))`

その値にはいくつコンスがありますか？ `'(french . (toast . (and . (maple . syrup))))`	⑧ またまた4つです。

関数 rotate を定義してください。	⑨
	`(defun rotate (x)`
	`  (cons (car (car x))`
	`    (cons (cdr (car x)) (cdr x))))`

次の rotate/cons は定理でしょうか？
 	
`(dethm rotate/cons (x y z)`
`  (equal (rotate (cons (cons x y) z))`
`         (cons x (cons y z))))`
	⑩
	証明すればいいんですね。

関数 rotate の定義を使いましょう。
 	
`(equal (rotate (cons (cons x y) z))`
`       (cons x (cons y z)))`
	⑪
	主張がごちゃごちゃしてきましたね。
	
	`(equal (cons (car (car (cons (cons x y) z)))`
	`             (cons (cdr (car (cons (cons x y) z)))`
	`                   (cdr (cons (cons x y) z))))`
	`       (cons x (cons y z)))`

car/cons の公理と cdr/cons の公理を使って単純な形にしましょう。
 	
`(equal (cons (car (car (cons (cons x y) z)))`
`             (cons (cdr (car (cons (cons x y) z)))`
`                   (cdr (cons (cons x y) z))))`
`       (cons x (cons y z)))`
	⑫
	ずいぶんすっきりしました。
	
	`(equal (cons x`
	`             (cons y`
	`                   z))`
	`       (cons x (cons y z)))`

するとどうなりましたか？
 	
`(equal (cons x (cons y z))`
`       (cons x (cons y z)))`
	⑬
	証明終わり！
	
	`'t`

次の式の値は何になりますか？
 	
`(align`
`  '(french . (toast . (and . (maple . syrup)))))`
	⑭
	`'(french . (toast . (and . (maple . syrup))))`
	
	です。

|15| 次の式の値は何になりますか？

```
(align
  '((french . toast) . (and . (maple . syrup))))
```

'(french . (toast . (and . (maple . syrup))))

です。

|16| 次の式の値は何になりますか？

```
(align
  '(((french . toast) . and) . (maple . syrup)))
```

'(french . (toast . (and . (maple . syrup))))

です。

|17| 次の式の値は何になりますか？

```
(align
  '((((french . toast) . and) . maple) . syrup))
```

'(french . (toast . (and . (maple . syrup))))

です。

|18| 関数alignを定義してください。

```
(defun align (x)
  (if (atom x)
      x
      (if (atom (car x))
          (cons (car x) (align (cdr x)))
          (align (rotate x)))))
```

尺度: (size x)

|19| (size x)は尺度として適切でしょうか？

(size x)は、いつだって適切な尺度でしたよ。

|20| なるほどね。それでは、関数alignが全域関数かどうか証明してみましょう。もちろん、(natp (size x))は't ですよね。

```
(if (natp (size x))
    (if (atom x)
        't
        (if (atom (car x))
            (< (size (cdr x)) (size x))
            (< (size (rotate x)) (size x))))
    'nil)
```

はい。if-trueの公理によって外側のifを取り除くとこうなります。

```
(if (atom x)
    't
    (if (atom (car x))
        (< (size (cdr x)) (size x))
        (< (size (rotate x)) (size x))))
```

21

size/cdrの公理と、前提(atom x)を使いましょう。

```
(if (atom x)
    't
    (if (atom (car x))
        (< (size (cdr x)) (size x))
        (< (size (rotate x)) (size x))))
```

なんてことありません。

```
(if (atom x)
    't
    (if (atom (car x))
        't
        (< (size (rotate x)) (size x))))
```

22

cons/car+cdrを2回使うとどうなりますか？

```
(if (atom x)
    't
    (if (atom (car x))
        't
        (< (size (rotate x))
           (size x))))
```

簡単ですね。次のフォーカスは、(atom x)という前提のElse部にあるので、こうなります。

```
(if (atom x)
    't
    (if (atom (car x))
        't
        (< (size (rotate (cons (car x) (cdr x))))
           (size (cons (car x) (cdr x))))))
```

23

下記にオレンジ色で示した前提も使っていきましょう。

```
(if (atom x)
    't
    (if (atom (car x))
        't
        (< (size (rotate (cons (car x)
                               (cdr x))))
           (size (cons (car x)
                       (cdr x))))))
```

これでどうだ。

```
(if (atom x)
    't
    (if (atom (car x))
        't
        (< (size (rotate (cons (cons (car (car x))
                                     (cdr (car x)))
                               (cdr x))))
           (size (cons (cons (car (car x))
                             (cdr (car x)))
                       (cdr x))))))
```

24

ここでrotate/consの定理を使いましょう。

```
(if (atom x)
    't
    (if (atom (car x))
        't
        (< (size (rotate (cons (cons (car (car x))
                                     (cdr (car x)))
                               (cdr x))))
           (size (cons (cons (car (car x))
                             (cdr (car x)))
                       (cdr x))))))
```

それでさっき、rotate/consの定理を証明したんですね！

```
(if (atom x)
    't
    (if (atom (car x))
        't
        (< (size (cons (car (car x))
                       (cons (cdr (car x))
                             (cdr x))))
           (size (cons (cons (car (car x))
                             (cdr (car x)))
                       (cdr x))))))
```

そうです。ある関数についての主張の証明が簡単になるような定理を先に証明するとうまくいく場合があるんです。	25	先にrotate/consの定理について考えていなかったら、どうなっていたんですか？

その場合は、car/consの公理とcdr/consの公理を駆使して、証明が少し長くなりますね。でも、それでも最終的には同じところにたどり着きますよ。	26	それはよかった。

> **洞察：繰り返しを避けるために補助定理を用意しよう**
>
> 証明で同じようなステップを何度も繰り返す場合は、それらのステップと同じ書き換えをしてくれる定理を、Dethmの法則を使って書き下しましょう。その定理を使って、証明のステップを短くしましょう。

次は何をすればいいですか？	27	`(cons (car (car x))`
		`  (cons (cdr (car x)) (cdr x)))`
		
		上の式のsizeが、下の式のsizeより小さいことを示します。
		
		`(cons`
		`  (cons (car (car x)) (cdr (car x)))`
		`  (cdr x))`

`(cons (car (car x))`
`  (cons (cdr (car x)) (cdr x)))`
 	
上の式のsizeは、下の式のsizeより小さいんですかね？
 	
`(cons`
`  (cons (car (car x)) (cdr (car x)))`
`  (cdr x))`
	28	小さいようには見えないですね。順番が変わっているだけのようです。

たぶん、(size x)は適切な尺度ではないんですよ。	29	なぜそんなことが言えるんですか？

関数alignの全域性についての主張に対する反例を見つければいいんですよ。 xが次の式で与えられる場合、(size x)の値は何になりますか？ `'((((french . toast) . and) . maple) . syrup)`	30	`'4`です。

xが次の式で与えられる場合、(size x)の値は何になりますか？
 	
`(rotate`
  `'((((french . toast) . and) . maple) . syrup))`
	31	`'4`です。

xが次の式で与えられる場合、20コマめに出てきた関数alignに対する全域性についての主張は、何の値に等しいですか？ `'((((french . toast) . and) . maple) . syrup)`	32	`'4`は`'4`より小さくはないので、その主張の値は`'nil`です。ということは、関数alignは全域関数ではないんでしょうか？
そうとは限りませんよ。 たぶん、もっと適切な尺度を探せばいいんです。	33	どうやってですか？

wtという関数を考えてみましょう。関数wtは、アトムに対しては`'1`を、コンスに対しては、そのcarのwtを2倍したものと、cdrのwtとを足した値を返します。次の式の値は何になりますか？
 	
`(wt`
  `'((((french . toast) . and) . maple) . syrup))`
	34	`'31`です。
		  wtの名前の由来は何ですか？

wtは、weight（重さ）という意味です。次の式の値は何になりますか？
 	
`(wt`
  `'(((french . toast) . and) . (maple . syrup)))`
	35	`'17`です。

36	次の式の値は何になりますか？	'11 です。

```
(wt
  '((french . toast) . (and . (maple . syrup))))
```

|37| 次の式の値は何になりますか？ | '9 です。

```
(wt
  '(french . (toast . (and . (maple . syrup)))))
```

|38| 関数wtを定義してください。 | 簡単に言いますね。

|39| そんなに簡単ではないですね。これが関数wtです。 | この場合には(size x)が「正しい」尺度なんですか？

```
(defun wt (x)
  (if (atom x)
      '1
      (+ (+ (wt (car x)) (wt (car x)))
         (wt (cdr x)))))
```
尺度: (size x)

|40| はい。何度も確かめましたからね。でも証明しましょうか。 | このステップは20コマめと同じですね。

```
(if (natp (size x))
    (if (atom x)
        't
        (if (< (size (car x)) (size x))
            (< (size (cdr x)) (size x))
            'nil))
    'nil)
```

```
(if (atom x)
    't
    (if (< (size (car x)) (size x))
        (< (size (cdr x)) (size x))
        'nil))
```

|41| 次のフォーカスはどうしますか？ | xはアトムではないとわかっているので、size/carの公理、size/cdrの公理を使えます。

```
(if (atom x)
    't
    (if (< (size (car x)) (size x))
        (< (size (cdr x)) (size x))
        'nil))
```

```
(if (atom x)
    't
    (if 't
        't
        'nil))
```

この証明は簡単ですね。

```
(if (atom x)
    't
    (if 't
        't
        'nil))
```

[42]

ほんとですね。

```
't
```

関数 align が全域関数であることの証明はまだ終わっていませんよ。

[43]

今度は wt を尺度にしてやってみます。

```
(defun align (x)
  (if (atom x)
      x
      (if (atom (car x))
          (cons (car x) (align (cdr x)))
          (align (rotate x)))))
```

尺度: (wt x)

関数 align についての全域性の主張を下記に示しておきます。自分で構成してもらってもよかったんですけどね。

```
(if (natp (wt x))
    (if (atom x)
        't
        (if (atom (car x))
            (< (wt (cdr x)) (wt x))
            (< (wt (rotate x)) (wt x))))
    'nil)
```

(wt x) は常に自然数でしょうか？

[44]

わかりませんが、できると思います。(natp (wt x)) を 't に書き換えて、外側の if を if-true で取り除けば、こうなります。

```
(if (atom x)
    't
    (if (atom (car x))
        (< (wt (cdr x)) (wt x))
        (< (wt (rotate x)) (wt x))))
```

関数 wt と natp についての主張はあとで証明しないとですね。

```
(dethm natp/wt (x)
  (equal (natp (wt x)) 't))
```

次のフォーカスで関数 wt の定義は使えるでしょうか？

```
(if (atom x)
    't
    (if (atom (car x))
        (< (wt (cdr x))
           (wt x))
        (< (wt (rotate x)) (wt x))))
```

[45]

使えます。if-nest-E の公理と前提 (atom x) も使えますね。

```
(if (atom x)
    't
    (if (atom (car x))
        (< (wt (cdr x))
           (+ (+ (wt (car x)) (wt (car x)))
              (wt (cdr x))))
        (< (wt (rotate x)) (wt x))))
```

それからどうしますか？

[46]

+ と < をどう扱うべきかわからないとどうしようもないです。

たとえば + について想定することとしては、
0 + x = x とか、x + y = y + x とか、
x + (y + z) = (x + y) + z などがあります。

[47] よく知られている等式ですね。

+ と < についての公理

```
(dethm identity-+ (x)
  (if (natp x) (equal (+ '0 x) x) 't))
```

```
(dethm commute-+ (x y)
  (equal (+ x y) (+ y x)))
```

```
(dethm associate-+ (x y z)
  (equal (+ (+ x y) z) (+ x (+ y z))))
```

```
(dethm positives-+ (x y)
  (if (< '0 x)
      (if (< '0 y)
          (equal (< '0 (+ x y)) 't) 't) 't))
```

```
(dethm natp/+ (x y)
  (if (natp x)
      (if (natp y)
          (equal (natp (+ x y)) 't) 't) 't))
```

```
(dethm common-addends-< (x y z)
  (equal (< (+ x z) (+ y z)) (< x y)))
```

---

[48] これらの新しい公理を使って、どうやって主張を書き換えましょう？

common-addends-< の公理を使うことで、< の引数にある 2 つの (wt (cdr x)) をキャンセルできると思います。

```
(if (atom x)
    't
    (if (atom (car x))
        (< (wt (cdr x))
           (+ (+ (wt (car x)) (wt (car x)))
              (wt (cdr x))))
        (< (wt (rotate x)) (wt x))))
```

[49] そのためには、< の 1 つめの引数に何か足さないといけませんね。

1 つめの (wt (cdr x)) に '0 を足しても値は変わらないですね。

[50]

それがいえるのは、(wt (cdr x)) が自然数である場合だけですよ。

```
(if (atom x)
    't
    (if (atom (car x))
        (< (wt (cdr x))
           (+ (+ (wt (car x))
                 (wt (car x)))
              (wt (cdr x))))
        (< (wt (rotate x)) (wt x))))
```

44 コマめの natp/wt という主張があればいえますね。そして、第 9 章の 75 コマめと同様にして if-true の公理を使えば、それを前提として付け足せますね。

```
(if (atom x)
    't
    (if (atom (car x))
        (if (natp (wt (cdr x)))
            (< (wt (cdr x))
               (+ (+ (wt (car x))
                     (wt (car x)))
                  (wt (cdr x))))
            't)
        (< (wt (rotate x)) (wt x))))
```

[51]

これで (wt (cdr x)) が自然数であるという前提ができましたね。

```
(if (atom x)
    't
    (if (atom (car x))
        (if (natp (wt (cdr x)))
            (< (wt (cdr x))
               (+ (+ (wt (car x))
                     (wt (car x)))
                  (wt (cdr x))))
            't)
        (< (wt (rotate x)) (wt x))))
```

したがって identity-+ の公理が使えます。

```
(if (atom x)
    't
    (if (atom (car x))
        (if (natp (wt (cdr x)))
            (< (+ '0 (wt (cdr x)))
               (+ (+ (wt (car x))
                     (wt (car x)))
                  (wt (cdr x))))
            't)
        (< (wt (rotate x)) (wt x))))
```

[52]

次はどうしますか？

```
(if (atom x)
    't
    (if (atom (car x))
        (if (natp (wt (cdr x)))
            (< (+ '0
                  (wt (cdr x)))
               (+ (+ (wt (car x))
                     (wt (car x)))
                  (wt (cdr x))))
            't)
        (< (wt (rotate x)) (wt x))))
```

common-addends-< を使って、ついに (wt (cdr x)) をキャンセルできました。

```
(if (atom x)
    't
    (if (atom (car x))
        (if (natp (wt (cdr x)))
            (< '0
               (+ (wt (car x))
                  (wt (car x))))
            't)
        (< (wt (rotate x)) (wt x))))
```

[53]

(+ (wt (car x)) (wt (car x))) は正の数ですか？

(wt (car x)) が正なら、正ですね。

ということは、次のフォーカスに、またうまい前提を用意する必要があるみたいですね。このフォーカスは、`natp/wt`の定理で`'t`に書き換えておきましょう（`natp/wt`の証明はまだですが）。

```
(if (atom x)
    't
    (if (atom (car x))
        (if (natp (wt (car x)))
            (< '0 (+ (wt (car x))
                     (wt (car x))))
            't)
        (< (wt (rotate x)) (wt x))))
```

この新しい前提を何に使いましょう？

```
(if (atom x)
    't
    (if (atom (car x))
        (if (< '0 (wt (car x)))
            (< '0 ( + (wt (car x))
                      (wt (car x))))
            't)
        (< (wt (rotate x)) (wt x))))
```

＜の比較が1つ片付きましたね。

```
(if (atom x)
    't
    (if (atom (car x))
        't
        (< (wt (rotate x))
           (wt x))))
```

54 次のような主張`positive/wt`を作れば、そのフォーカスをうまい前提に書き換えられますね。

```
(dethm positive/wt (x)
  (equal (< '0 (wt x)) 't))
```

もちろん、`positive/wt`は証明が必要です。

55 もちろん、`positives-+`の公理に使うんですよ。そのあとで`if-same`の公理を使えばこうなります。

```
(if (atom x)
    't
    (if (atom (car x))
        't
        (< (wt (rotate x)) (wt x))))
```

56 もう1つもやっていきます。

```
(if (atom x)
    't
    (if (atom (car x))
        't
        (< (wt (cons (car (car x))
                     (cons (cdr (car x))
                           (cdr x))))
           (wt x))))
```

ここで関数 wt を使いましょう。その結果出てくる if を取り除くのに、atom/cons の公理と if-false の公理を使えますか？

```
(if (atom x)
    't
    (if (atom (car x))
        't
        (< (wt (cons (car (car x))
                     (cons (cdr (car x))
                           (cdr x))))
           (wt x))))
```

[57]

使えます。car/cons の公理を 2 回と、cdr/cons の公理も使えます。

```
(if (atom x)
    't
    (if (atom (car x))
        't
        (< (+ (+ (wt (car (car x)))
                 (wt (car (car x))))
              (wt (cons (cdr (car x))
                        (cdr x))))
           (wt x))))
```

ここでも、いまと同じステップが使えそうですね。

```
(if (atom x)
    't
    (if (atom (car x))
        't
        (< (+ (+ (wt (car (car x)))
                 (wt (car (car x))))
              (wt (cons (cdr (car x))
                        (cdr x))))
           (wt x))))
```

[58]

使えますね！

```
(if (atom x)
    't
    (if (atom (car x))
        't
        (< (+ (+ (wt (car (car x)))
                 (wt (car (car x))))
              (+ (+ (wt (cdr (car x)))
                    (wt (cdr (car x))))
                 (wt (cdr x))))
           (wt x))))
```

これで 3 回めになりますが、同じステップですかね？

```
(if (atom x)
    't
    (if (atom (car x))
        't
        (< (+ (+ (wt (car (car x)))
                 (wt (car (car x))))
              (+ (+ (wt (cdr (car x)))
                    (wt (cdr (car x))))
                 (wt (cdr x))))
           (wt x))))
```

[59]

いいえ、今度は、(atom x) という前提のもとで、関数 wt の定義と if-nest-E の公理だけを使います。

```
(if (atom x)
    't
    (if (atom (car x))
        't
        (< (+ (+ (wt (car (car x)))
                 (wt (car (car x))))
              (+ (+ (wt (cdr (car x)))
                    (wt (cdr (car x))))
                 (wt (cdr x))))
           (+ (+ (wt (car x))
                 (wt (car x)))
              (wt (cdr x))))))
```

⑥⓪

次の2つのフォーカスで関数 wt を使いましょう。そのあとで明らかな単純化ができるなら、それもやってください。

```
(if (atom x)
    't
    (if (atom (car x))
        't
        (< (+ (+ (wt (car (car x)))
                 (wt (car (car x))))
              (+ (+ (wt (cdr (car x)))
                    (wt (cdr (car x))))
                 (wt (cdr x))))
           (+ (+ (wt (car x))
                 (wt (car x)))
              (wt (cdr x))))))
```

はい。(car x) はアトムではないとわかっているので、どちらのフォーカスに対しても if-nest-E の公理が使えます。

```
(if (atom x)
    't
    (if (atom (car x))
        't
        (< (+ (+ (wt (car (car x)))
                 (wt (car (car x))))
              (+ (+ (wt (cdr (car x)))
                    (wt (cdr (car x))))
                 (wt (cdr x))))
           (+ (+ (+ (wt (car (car x)))
                    (wt (car (car x))))
                 (wt (cdr (car x))))
              (+ (+ (wt (car (car x)))
                    (wt (car (car x))))
                 (wt (cdr (car x)))))
              (wt (cdr x)))))))
```

⑥①

それにしても、ずいぶん大きくなりましたね！

次はどうしますか？

⑥②

新しく登場した公理で、この主張を少し小さくしませんか？

```
(if (atom x)
    't
    (if (atom (car x))
        't
        (< (+ (+ (wt (car (car x)))
                 (wt (car (car x))))
              (+ (+ (wt (cdr (car x)))
                    (wt (cdr (car x))))
                 (wt (cdr x))))
           (+ (+ (+ (+ (wt (car (car x)))
                       (wt (car (car x))))
                    (wt (cdr (car x))))
                 (+ (+ (wt (car (car x)))
                       (wt (car (car x))))
                    (wt (cdr (car x)))))
              (wt (cdr x))))))
```

そうしましょう。まず、associate-+ の公理を使います。

```
(if (atom x)
    't
    (if (atom (car x))
        't
        (< (+ (+ (wt (car (car x)))
                 (wt (car (car x))))
              (+ (wt (cdr (car x)))
                 (wt (cdr (car x)))))
              (wt (cdr x)))
           (+ (+ (+ (+ (wt (car (car x)))
                       (wt (car (car x))))
                    (wt (cdr (car x))))
                 (+ (+ (wt (car (car x)))
                       (wt (car (car x))))
                    (wt (cdr (car x)))))
              (wt (cdr x))))))
```

いい手ですね。どうしてその公理を選んだのですか？

```
(if (atom x)
    't
    (if (atom (car x))
        't
        (< (+ (+ (+ (wt (car (car x)))
                    (wt (car (car x))))
                 (+ (wt (cdr car x)))
                    (wt (cdr (car x)))))
              (wt (cdr x)))
           (+ (+ (+ (+ (wt (car (car x)))
                       (wt (car (car x))))
                    (wt (cdr (car x))))
                 (+ (+ (wt (car (car x)))
                       (wt (car (car x))))
                    (wt (cdr (car x)))))
              (wt (cdr x))))))
```

common-addends-< を使って (wt (cdr x)) をキャンセルできますからね。

```
(if (atom x)
    't
    (if (atom (car x))
        't
        (< (+ (+ (+ (wt (car (car x)))
                    (wt (car (car x))))
                 (+ (wt (cdr (car x)))
                    (wt (cdr (car x))))))
           (+ (+ (+ (wt (car (car x)))
                    (wt (car (car x))))
                 (+ (wt (cdr (car x))))
                    (wt (cdr (car x)))))))))
```

少し小さくなりましたが、次はどうしますか？

```
(if (atom x)
    't
    (if (atom (car x))
        't
        (< (+ (+ (wt (car (car x)))
                 (wt (car (car x))))
              (+ (wt (cdr (car x)))
                 (wt (cdr (car x)))))
           (+ (+ (+ (wt (car (car x)))
                    (wt (car (car x))))
                 (wt (cdr (car x))))
              (+ (+ (wt (car (car x)))
                    (wt (car (car x))))
                 (wt (cdr (car x))))))))
```

associate-+ と commute-+ を使って、式をもう一度キャンセルできます。

```
(if (atom x)
    't
    (if (atom (car x))
        't
        (< (+ (wt (cdr (car x)))
              (+ (+ (wt (car (car x)))
                    (wt (car (car x))))
                 (wt (cdr (car x)))))
           (+ (+ (+ (wt (car (car x)))
                    (wt (car (car x))))
                 (wt (cdr (car x))))
              (+ (+ (wt (car (car x)))
                    (wt (car (car x))))
                 (wt (cdr (car x)))))))))
```

続けてください。

```
(if (atom x)
    't
    (if (atom (car x))
        't
        (< (+ (wt (cdr (car x)))
              (+ (+ (wt (car (car x)))
                    (wt (car (car x))))
                 (wt (cdr (car x)))))
           (+ (+ (+ (wt (car (car x)))
                    (wt (car (car x))))
                 (wt (cdr (car x))))
              (+ (+ (wt (car (car x)))
                    (wt (car (car x))))
                 (wt (cdr (car x))))))))
```

common-addends-<の公理をもう一度使うと、下記でフォーカスしている式をキャンセルできます。

```
(if (atom x)
    't
    (if (atom (car x))
        't
        (< (wt (cdr (car x)))
           (+ (+ (wt (car (car x)))
                 (wt (car (car x))))
              (wt (cdr (car x)))))))
```

もっとキャンセルできる部分がありますか？	66 あります。`(wt (cdr (car x)))`を両方ともキャンセルできます。まず、`if-true`の公理と`natp/wt`の公理を使って、新しい前提を用意しましょう。

```
(if (atom x)
    't
    (if (atom (car x))
        't
        (< (wt (cdr (car x)))
           (+ (+ (wt (car (car x)))
                 (wt (car (car x))))
              (wt (cdr (car x)))))))
```

```
(if (atom x)
    't
    (if (atom (car x))
        't
        (if (natp (wt (cdr (car x))))
            (< (wt (cdr (car x)))
               (+ (+ (wt (car (car x)))
                     (wt (car (car x))))
                  (wt (cdr (car x)))))
            't)))
```

それから？	67 `<`の１つめの引数は前提により自然数だとわかっているので、`'0`を足します。

```
(if (atom x)
    't
    (if (atom (car x))
        't
        (if (natp (wt (cdr (car x))))
            (< (wt (cdr (car x)))
               (+ (+ (wt (car (car x)))
                     (wt (car (car x))))
                  (wt (cdr (car x)))))
            't)))
```

```
(if (atom x)
    't
    (if (atom (car x))
        't
        (if (natp (wt (cdr (car x))))
            (< (+ '0 (wt (cdr (car x))))
               (+ (+ (wt (car (car x)))
                     (wt (car (car x))))
                  (wt (cdr (car x)))))
            't)))
```

次は？	68 `common-addends-<`を最後に１回使います。

```
(if (atom x)
    't
    (if (atom (car x))
        't
        (if (natp (wt (cdr (car x))))
            (< (+ '0
                  (wt (cdr (car x))))
               (+ (+ (wt (car (car x)))
                     (wt (car (car x))))
                  (wt (cdr (car x)))))
            't)))
```

```
(if (atom x)
    't
    (if (atom (car x))
        't
        (if (natp (wt (cdr (car x))))
            (< '0
               (+ (wt (car (car x)))
                  (wt (car (car x)))))
            't)))
```

(+ (wt (car (car x))) (wt (car (car x)))) が正であることを示さないといけませんね。

```
(if (atom x)
    't
    (if (atom (car x))
        't
        (if (natp (wt (cdr car x))))
            (< '0
               (+ (wt (car (car x)))
                  (wt (car (car x)))))
            't)))
```

⑥⑨ 内側の if 式の Question 部を、natp/wt の定理と positive/wt の定理を使って置き換えるところから始めましょう。

```
(if (atom x)
    't
    (if (atom (car x))
        't
        (if (< '0 (wt (car (car x))))
            (< '0
               (+ (wt (car (car x)))
                  (wt (car (car x)))))
            't)))
```

先ほど置き換えた前提をどうやって使いますか？

```
(if (atom x)
    't
    (if (atom (car x))
        't
        (if (< '0 (wt (car (car x))))
            (< '0 (+ (wt (car (car x)))
                     (wt (car (car x)))))
            't)))
```

⑦⓪ 残っている < の比較を、positives-+ の公理を使って 't に書き換えるのに使います。

```
(if (atom x)
    't
    (if (atom (car x))
        't
        (if (< '0 (wt (car (car x))))
            't
            't)))
```

それから？

⑦① if-same の公理を3回使えば、おしまいです。

休息の時間を勝ち取りました。

⑦② でも、natp/wt の定理と positive/wt の定理の証明がまだですが。

181ページ以降で証明しましょう。

⑦③ わかりました。おやつを食べ終わったら続けます。

さて、これで関数 align が全域関数だとわかりました。

⑦④ こんな定理は証明できるでしょうか？

```
(dethm align/align (x)
  (equal (align (align x)) (align x)))
```

いい思いつきですね。align/align は真だと思いますか？

⑦⑤ 14コマめ〜17コマめに反例はありません。

align/alignを帰納法によって証明できるでしょうか？	⁷⁶ 関数alignの定義は再帰的ですね。
そうです。その関数alignの定義に対して帰納法を使えるでしょうか？	⁷⁷ たぶん使えますが、どうやってやればいいんでしょう？
関数alignが全域関数であるという主張を述べるのと同じようにすればいいんですよ。	⁷⁸ その方法なら知っています。

⁷⁹

これが主張です。

```
(equal (align (align x)) (align x))
```

証明すべき帰納的主張を構成してください。関数alignの定義に基づくDefun帰納法を使うのですよ。

帰納法のための前提は、`(align (cdr x))`に対してと、`(align (rotate x))`に対してですね。

```
(if (atom x)
    (equal (align (align x)) (align x))
    (if (atom (car x))
        (if (equal (align (align (cdr x)))
                   (align (cdr x)))
            (equal (align (align x)) (align x))
            't)
        (if (equal (align (align (rotate x)))
                   (align (rotate x)))
            (equal (align (align x)) (align x))
            't)))
```

⁸⁰

次の2つのフォーカスで、関数alignの定義を使いましょう。

関数alignの定義には、if式のQuestion部として`(atom x)`があって、これはいま両方のフォーカスに対する前提にもなっています。したがって、if-nest-Aの公理を使えて、こうなります。

```
(if (atom x)
    (equal (align (align x)) (align x))
    (if (atom (car x))
        (if (equal (align (align (cdr x)))
                   (align (cdr x)))
            (equal (align (align x)) (align x))
            't)
        (if (equal (align (align (rotate x)))
                   (align (rotate x)))
            (equal (align (align x)) (align x))
            't)))
```

```
(if (atom x)
    (equal (align x) x)
    (if (atom (car x))
        (if (equal (align (align (cdr x)))
                   (align (cdr x)))
            (equal (align (align x)) (align x))
            't)
        (if (equal (align (align (rotate x)))
                   (align (rotate x)))
            (equal (align (align x)) (align x))
            't)))
```

81

80 コマめでは、x がアトムのとき 関数 align の定義と if-nest-A の公理により (align x) と x が等しくなっています。

```
(if (atom x)
    (equal (align x) x)
    (if (atom (car x))
        (if (equal (align (align (cdr x)))
                   (align (cdr x)))
            (equal (align (align x)) (align x))
            't)
        (if (equal (align (align (rotate x)))
                   (align (rotate x)))
            (equal (align (align x)) (align x))
            't)))
```

x は、もちろん x に等しいですから、equal-same の公理が使えますね。

```
(if (atom x)
    't
    (if (atom (car x))
        (if (equal (align (align (cdr x)))
                   (align (cdr x)))
            (equal (align (align x)) (align x))
            't)
        (if (equal (align (align (rotate x)))
                   (align (rotate x)))
            (equal (align (align x)) (align x))
            't)))
```

82

再び関数 align の定義を 2 回使ってください。

```
(if (atom x)
    't
    (if (atom (car x))
        (if (equal (align (align (cdr x)))
                   (align (cdr x)))
            (equal (align
                      (align x))
                   (align x))
            't)
        (if (equal (align (align (rotate x)))
                   (align (rotate x)))
            (equal (align (align x)) (align x))
            't)))
```

それは簡単です。さらに次の 2 つの前提を使って単純な形にしておきました。

```
(if (atom x)
    't
    (if (atom (car x))
        (if (equal (align (align (cdr x)))
                   (align (cdr x)))
            (equal (align
                      (cons (car x) (align (cdr x))))
                   (cons (car x) (align (cdr x))))
            't)
        (if (equal (align (align (rotate x)))
                   (align (rotate x)))
            (equal (align (align x)) (align x))
            't)))
```

83

その書き換えをするのに、ほかにも何か使いましたよね？

関数 align の定義を使うときに、(atom x) という Question 部について if-nest-E の公理を使い、(atom (car x)) という Question 部については if-nest-A の公理を使いました。

| 84 |

(cons (car x) (align (cdr x))) を引数にして関数alignの定義を使いましょう。そのあとでする4つのステップは何でしょう？

```
(if (atom x)
    't
    (if (atom (car x))
        (if (equal (align (align (cdr x)))
                   (align (cdr x)))
            (equal (align (cons (car x)
                                (align (cdr x))))
                   (cons (car x)
                         (align (cdr x))))
            't)
        (if (equal (align (align (rotate x)))
                   (align (rotate x)))
            (equal (align (align x)) (align x))
            't)))
```

atom/consの公理、cdr/consの公理、car/consの公理を2回、それぞれ使います。

```
(if (atom x)
    't
    (if (atom (car x))
        (if (equal (align (align (cdr x)))
                   (align (cdr x)))
            (equal (if 'nil
                       (cons (car x)
                             (align (cdr x)))
                       (if (atom (car x))
                           (cons (car x)
                                 (align (align (cdr x))))
                           (align
                             (rotate
                               (cons (car x)
                                     (align (cdr x)))))))
                   (cons (car x)
                         (align (cdr x))))
            't)
        (if (equal (align (align (rotate x)))
                   (align (rotate x)))
            (equal (align (align x)) (align x))
            't)))
```

| 85 |

次は、次のフォーカスに出てくる2つのifを単純な形にしましょう。

```
(if (atom x)
    't
    (if (atom (car x))
        (if (equal (align (align (cdr x)))
                   (align (cdr x)))
            (equal (if 'nil
                       (cons (car x)
                             (align (cdr x)))
                       (if (atom (car x))
                           (cons (car x)
                                 (align (align (cdr x))))
                           (align
                             (rotate
                               (cons (car x)
                                     (align (cdr x)))))))
                   (cons (car x)
                         (align (cdr x))))
            't)
        (if (equal (align (align (rotate x)))
                   (align (rotate x)))
            (equal (align (align x)) (align x))
            't)))
```

しました。下記にオレンジ色で示した前提も使っています。

```
(if (atom x)
    't
    (if (atom (car x))
        (if (equal (align (align (cdr x)))
                   (align (cdr x)))
            (equal (cons (car x)
                         (align (align (cdr x))))
                   (cons (car x)
                         (align (cdr x))))
            't)
        (if (equal (align (align (rotate x)))
                   (align (rotate x)))
            (equal (align (align x)) (align x))
            't)))
```

オレンジ色で示した帰納法のための前提のもとで、`equal-if`の公理を使いましょう。

```
(if (atom x)
    't
    (if (atom (car x))
        (if (equal (align (align (cdr x)))
                   (align (cdr x)))
            (equal (cons (car x)
                         (align (align (cdr x))))
                   (cons (car x)
                         (align (cdr x))))
            't)
        (if (equal (align (align (rotate x)))
                   (align (rotate x)))
            (equal (align (align x)) (align x))
            't)))
```

[86] この帰納法のための前提は、自然な再帰に対応しているものですね。if式のAnswer部にある`equal`を取り除くので、こうなります。

```
(if (atom x)
    't
    (if (atom (car x))
        (if (equal (align (align (cdr x)))
                   (align (cdr x)))
            't
            't)
        (if (equal (align (align (rotate x)))
                   (align (rotate x)))
            (equal (align (align x)) (align x))
            't)))
```

帰納法のための前提は、どちら向きに使いますか？ `(align (align (cdr x)))`を`(align (cdr x))`に書き換えますか、それともその逆でしょうか？

[87] その区別に意味がありますか？

ありません。どちら向きでも、`equal`の両方の引数が同じになります。

[88] ですよね。

次は？

```
(if (atom x)
    't
    (if (atom (car x))
        (if (equal (align (align (cdr x)))
                   (align (cdr x)))
            't
            't)
        (if (equal (align (align (rotate x)))
                   (align (rotate x)))
            (equal (align (align x)) (align x))
            't)))
```

[89] `if`を1つ取り除きます。

```
(if (atom x)
    't
    (if (atom (car x))
        't
        (if (equal (align (align (rotate x)))
                   (align (rotate x)))
            (equal (align (align x)) (align x))
            't)))
```

もう一度、(align x)を展開しましょう。

```
(if (atom x)
    't
    (if (atom (car x))
        't
        (if (equal (align (align (rotate x)))
                   (align (rotate x)))
            (equal (align (align x))
                   (align x))
            't)))
```

[90]

さらに、オレンジ色で示した2つの前提のもとで、if-nest-Eの公理を4回使いました。

```
(if (atom x)
    't
    (if (atom (car x))
        't
        (if (equal (align (align (rotate x)))
                   (align (rotate x)))
            (equal (align (align (rotate x)))
                   (align (rotate x)))
            't)))
```

残っている場合分けは1つです。オレンジ色で示した別の帰納法のための前提を使う必要があります。

```
(if (atom x)
    't
    (if (atom (car x))
        't
        (if (equal (align (align (rotate x)))
                   (align (rotate x)))
            (equal (align (align (rotate x)))
                   (align (rotate x)))
            't)))
```

[91]

こうですか？

```
(if (atom x)
    't
    (if (atom (car x))
        't
        (if (equal (align (align (rotate x)))
                   (align (rotate x)))
            (equal (align (rotate x))
                   (align (rotate x)))
            't)))
```

正解。

```
(if (atom x)
    't
    (if (atom (car x))
        't
        (if (equal (align (align (rotate x)))
                   (align (rotate x)))
            (equal (align (rotate x))
                   (align (rotate x)))
            't)))
```

[92]

これで証明できましたね。

```
(if (atom x)
    't
    (if (atom (car x))
        't
        't))
```

[93]

はい、証明はこれで終わりです。181ページのJ-Bobに会いに行きましょう。

これにて Q.E.D. ！

さあドーナッツを食べに急ぎましょう！

Quick, Eat Doughnuts!

A
放課後

1

これから、J-Bob を使って式を書き換える方法を見ていきます。

J-Bob って何ですか？[†1]

2

焦らないで。J-Bob が何なのか、これから実験しながら探っていきますよ[†2]。

楽しみです。

3

次の式の値は何になりますか？

```
(J-Bob/step (prelude)
  '(car (cons 'ham '(eggs)))
  '())
```

次のようになりました。

```
'(car (cons 'ham '(eggs)))
```

第 1 章の 8 コマめ（3 ページ）の書き換え前の式を表していますね。

4

J-Bob/step の 3 つの引数は、それぞれ何でしょう？

次のように書いてあります。

> J-Bob/step の 1 つめの引数は、定義を表すものからなるリストです。この例では、(prelude) となっています。prelude は、J-Bob の公理および最初に用意されている関数の集まりです。
> 2 つめの引数は、書き換えの対象となる式を表すものです。
> 3 つめの式は、式を書き換えるときのステップを先頭から順番に並べたリストです。この例では、空になっています。

5

J-Bob/step に対する 1 つめの引数と 2 つめの引数の意味を説明できますか？

「定義を表すもの」とか、「式を表すもの」とか、何のことかよくわかりませんね。

[†1] J-Bob が使えるのは、J Moore と Bob Boyer のおかげです。
[†2] J-Bob を試してみたい人は、本書の 187 ページか、https://the-little-prover.github.io/ を見てください。

この本では、式や定義をクォートされた値として表現しています。たとえば、式 x のことは 'x と表します ('x は、(quote x) の略記です)。

式になれるのは、変数の名前 ('x など)、クォートされた値 (''eggs など)、if 式 (第 2 章で説明した '(if x y z) など)、関数適用 ('(cons 'eggs x) など) です。

定義と呼んでいるものは、定理のこともあれば、関数のこともあります。具体的には、第 3 章で説明したとおり、'(dethm truth () 't) や '(defun id (x) x) などです。

⑥ 「式を書き換えるときのステップ」についても補足をお願いします。

いいでしょう。
次の式の値が何になるのか、考えてください。

```
(J-Bob/step (prelude)
  '(car (cons 'ham '(eggs)))
  '((() (car/cons 'ham '(eggs)))))
```

⑦ 次のようになりました。

''ham

この値は、第 1 章の 8 コマめ (3 ページ) の書き換え結果を表しています。でも、ステップの先頭が空リストになっているのはどうしてですか？

そのリストは、フォーカスに至る**パス**なんです。このパスは、現在の式から、書き換え待ちのフォーカスを表す部分式へと至るリストです。いまの例では、フォーカスが式全体なので (言い換えると、文脈は空なので)、パスが空になっているわけです。

⑧ なるほど。

次の式の値は何になりますか？

```
(J-Bob/step (prelude)
  '(equal 'flapjack (atom (cons a b)))
  '(((2) (atom/cons a b))
    (() (equal 'flapjack 'nil))))
```

⑨ 次のようになりました。

''nil

この値は、第 1 章の 16 コマめ (4 ページ) の書き換え結果を表しています。

次の式の値は何になりますか？

```
(J-Bob/step (prelude)
  '(atom (cdr (cons (car (cons p q)) '())))
  '(((1 1 1) (car/cons p q))
    ((1) (cdr/cons p '()))
    (() (atom '()))))
```

⑩ 次のようになりました。

`''t`

この値は、第1章の29コマめ（6ページ）～31コマめ（6ページ）の書き換え結果を表しています。
それにしても、J-Bob はどうやってこの値を求めるんですか？

第1章の29コマめ（6ページ）で、どうやってステップを見つけ出したのでしたっけ？

⑪ そのコマのフォーカスされている部分で、p と q に対して car/cons の公理を使いました。

J-Bob には、その情報がわかるでしょうか？

⑫ はい、わかります。書き換え対象の式に、p と q を引数に持つ cons が見えていますから。でも、そこをフォーカスにするということは、どうしてわかるのでしょう？

いい質問ですね。第1章の29コマめ（6ページ）では、どこがフォーカスされていますか？

⑬ atom に対する1つめの引数、つまり (cdr (cons (car (cons p q)) '())) の内部で、cdr に対する1つめの引数、つまり (cons (car (cons p q)) '()) の内部で、cons に対する1つめの引数、つまり (car (cons p q)) がフォーカスされています。ここで、p と q に対して car/cons の公理が使えるわけなんですね。

次の式の値は何になりますか？

```
(J-Bob/step (prelude)
  '(if a c c)
  '())
```

⑭ 次のようになりました。

`'(if a c c)`

この値は、第2章の5コマめ（15ページ）の書き換え前の式を表しています。

次の式の値は何になりますか？

```
(J-Bob/step (prelude)
  '(if a c c)
  '((() (if-same a c))))
```

⑮ 次のようになりました。

`'c`

この値は、第2章の5コマめ（15ページ）の書き換え結果を表しています。

次の式の値は何になりますか？

```
(J-Bob/step (prelude)
  '(if a c c)
  '((() (if-same a c))
    (()
     (if-same
       (if (equal a 't)
         (if (equal 'nil 'nil) a b)
         (equal 'or
                (cons 'black '(coffee))))
       c))))
```

⑯ 次のようになりました。

```
'(if (if (equal a 't)
         (if (equal 'nil 'nil)
             a
             b)
         (equal 'or
                (cons 'black '(coffee))))
     c
     c)
```

この値は、第2章の7コマめ（16ページ）の書き換え結果を表しています。

次の式の値は何になりますか？

```
(J-Bob/step (prelude)
  '(if a c c)
  '((() (if-same a c))
    (()
     (if-same
       (if (equal a 't)
         (if (equal 'nil 'nil)
             a
             b)
         (equal 'or
                (cons 'black '(coffee))))
       c))
    ((Q E 2) (cons 'black '(coffee)))))
```

⑰ 次のようになりました。

```
'(if (if (equal a 't)
         (if (equal 'nil 'nil)
             a
             b)
         (equal 'or
                '(black coffee)))
     c
     c)
```

この値は、第2章の11コマめ（16ページ）の書き換え結果を表しています。
それにしても、J-Bobはどうやってこの値を探し出すんですか？

第2章の11コマめ（16ページ）で、どうやってステップを見つけ出したのでしたっけ？

⑱ そのコマのフォーカスされている部分で、'blackと'(coffee)に対して関数consの定義を使いました。

J-Bobには、その情報がわかるでしょうか？

⑲ はい、わかります。書き換え対象の式に、'blackと'(coffee)を引数に持つconsが見えていますから。でも、そこをフォーカスにするっていうことは、どうしてわかるのでしょう？

その質問を待っていました。第2章の11コマめ（16ページ）では、どこがフォーカスされていますか？

⑳ いちばん外側のif式のQuestion部の、真ん中にあるif式のElse部の中の、equalの2つめの引数です。

(Q E 1)ですか？

21

そのとおり。17コマめの証明ステップにおける (Q E 2) というのは、「いちばん外側のifのQuestion部の中の、真ん中にあるifのElse部の中の、equalの2つめの引数」というパスによって表せるフォーカスのことです。equalの「1つめ」の引数がフォーカスだとしたら、どういうパスで記述すればいいでしょう？

そうです。では、次の式の値は何になりますか？

```
(J-Bob/step (prelude)
  '(if a c c)
  '((() (if-same a c))
    (()
     (if-same
       (if (equal a 't)
           (if (equal 'nil 'nil)
               a
               b)
           (equal 'or
                  (cons 'black '(coffee))))
       c))
    ((Q E 2) (cons 'black '(coffee)))
    ((Q A Q) (equal-same 'nil))))
```

22

やはり、それが次の質問でしたね。その式は、第2章の12コマめ（17ページ）の書き換え結果になります。

```
'(if (if (equal a 't)
         (if 't
             a
             b)
         (equal 'or
                '(black coffee)))
     c
     c)
```

もう1ついきますよ。

```
(J-Bob/step (prelude)
  '(if a c c)
  '((() (if-same a c))
    (()
     (if-same
       (if (equal a 't)
           (if (equal 'nil 'nil)
               a
               b)
           (equal 'or
                  (cons 'black '(coffee))))
       c))
    ((Q E 2) (cons 'black '(coffee)))
    ((Q A Q) (equal-same 'nil))
    ((Q A 2) (if-true a b))))
```

23

てっきり、第2章の14コマめ（17ページ）の書き換え結果になると思っていましたが、先ほどの22コマめの式と変わっていないですね。どうしてですか？

```
'(if (if (equal a 't)
         (if 't a b)
         (equal 'or
                '(black coffee)))
     c
     c)
```

この部分は、第2章の14コマめ（17ページ）のフォーカスはどこにありますか？

24

外側のif式のQuestion部にある、真ん中のif式のAnswer部です。

⑤ それを、23 コマめの最後のステップで、J-Bob/step にどうやって伝えていますか？

(Q A 2) としています。
「外側の if の Question 部にある、真ん中の if の Answer 部に出てくる、関数適用の 2 つめの引数」という意味です。
でも、そこには関数適用はありません！

㉖ そうです。J-Bob は、ステップが正しくないと止まってしまい、それ以上の書き換えをしてくれません。正しくないステップに出くわすと、J-Bob/step という関数は、その時点での式を返します。

知らないと困る情報ですね。

㉗ もう 1 つだけ試しましょう。今度はうまくいく例です。書き換えに必要な正しいパスを教えてあげます。

```
(J-Bob/step (prelude)
  '(if a c c)
  '((() (if-same a c))
    (()
     (if-same
       (if (equal a 't)
           (if (equal 'nil 'nil)
               a
               b)
           (equal 'or
                  (cons 'black '(coffee))))
       c))
    ((Q E 2) (cons 'black '(coffee)))
    ((Q A Q) (equal-same 'nil))
    ((Q A) (if-true a b))))
```

今度は正しい結果になりましたね。

```
'(if (if (equal a 't)
         a
         (equal 'or
                '(black coffee)))
     c
     c)
```

㉘ J-Bob は、どうやってそのステップを見つけたのでしょうか？

((Q A) (if-true a b)) というステップに出てくる (Q A) は、「外側の if 式の Question 部にある、真ん中の if 式の Answer 部」というパスのことで、これがフォーカスを示しています。そこで、if-true の公理を、a と b という引数に対して使います。

次の式の値は何になりますか？

```
(J-Bob/prove (prelude)
  '())
```

㉙ 式 't の表現になりました。

''t

次の式の値は何になりますか？

```
(J-Bob/prove (prelude)
  '(((defun pair (x y)
       (cons x (cons y '())))
     nil)))
```

30
これも`'t`です。でも、どうして`'t`になるのかはわかりません。J-Bob/proveに渡している2つの引数は何を表しているんですか？

`'t`

1つめの引数は、定義のリストです。2つめの引数は、**証明案件**のリストです。
それぞれの証明案件の先頭には、定義と、**種**（たね）が書いてあります。種というのは、証明すべき主張の生成に使う、定義とは別の情報です。
第3章に出てきたような証明では、種は常に`nil`です。あとのほうの章では、`nil`以外の種も登場します。

31
J-Bob/proveが`'t`を返しているのはなぜですか？

30コマめに出てきたJ-Bob/proveの結果が`'t`になるのは、与えられているdefunが再帰的ではないので、全域性が自明であるために証明案件は`'t`であり、それが成功するからです。

32
なるほど。

次の式の値は何になりますか？

```
(J-Bob/prove (prelude)
  '(((defun pair (x y)
       (cons x (cons y '())))
     nil)
    ((defun first-of (x)
       (car x))
     nil)
    ((defun second-of (x)
       (car (cdr x)))
     nil)))
```

33
関数`first-of`も関数`second-of`も再帰的ではないので、これもやはり`'t`です。

`'t`

次の式の値は何になりますか？

```
(J-Bob/prove (prelude)
  '((((defun pair (x y)
       (cons x (cons y '())))
     nil)
    ((defun first-of (x)
       (car x))
     nil)
    ((defun second-of (x)
       (car (cdr x)))
     nil)
    ((dethm first-of-pair (a b)
       (equal (first-of (pair a b)) a))
     nil)))
```

[34] first-of-pair という定理を証明していないので、first-of-pair の本体に等しくなるんですね。

`'(equal (first-of (pair a b)) a)`

次の式の値は何になりますか？

```
(J-Bob/prove (prelude)
  '((((defun pair (x y)
       (cons x (cons y '())))
     nil)
    ((defun first-of (x)
       (car x))
     nil)
    ((defun second-of (x)
       (car (cdr x)))
     nil)
    ((dethm first-of-pair (a b)
       (equal (first-of (pair a b)) a))
     nil
     ((1 1) (pair a b))))))
```

[35] 第3章の12コマめ（34ページ）の書き換え結果に対する表現に等しくなりました。

`'(equal (first-of (cons a (cons b '()))) a)`

それはどうしてでしょう？

[36] おそらくですが、first-of-pair に対応する証明案件にステップが1つあるので、そうなると思います。

それで正解です。証明にステップを追加すると、J-Bob が順番に書き換えを実行してくれます。

[37] 便利ですねえ。

次の式の値は何になりますか？

```
(J-Bob/prove (prelude)
  '(((defun pair (x y)
       (cons x (cons y '())))
     nil)
    ((defun first-of (x)
       (car x))
     nil)
    ((defun second-of (x)
       (car (cdr x)))
     nil)
    ((dethm first-of-pair (a b)
       (equal (first-of (pair a b)) a))
     nil
     ((1 1) (pair a b))
     ((1) (first-of (cons a (cons b '()))))
     ((1) (car/cons a (cons b '())))
     (() (equal-same a)))))
```

[38] ''tになりました。J-Bob/proveの2つめの引数の中に、first-of-pairの完全な証明を書き下したからですよね。

''t

これでJ-Bobを使った証明ができました。

[39] もっと証明したいです。

J-Bob/proveの2つめの引数に、証明をもっと追加できますよ。

[40] 2つめの引数がどんどん長くなりますね。

そうですね。もし、それまでに証明したものを記録しておきたいなら、J-Bob/defineが使えます。

[41] 使い方を教えてください。

42

J-Bob/prove を J-Bob/define で置き換えます。そうすると、既知の定理と証明済みの定理のすべてを含むリストができます。その式を defun に渡してやればよいのです。ここまでの証明を prelude+first-of-pair という名前で記録するとこうなります。

```
(defun prelude+first-of-pair ()
  (J-Bob/define (prelude)
    '(((defun pair (x y)
         (cons x (cons y '())))
       nil)
      ((defun first-of (x)
         (car x))
       nil)
      ((defun second-of (x)
         (car (cdr x)))
       nil)
      ((dethm first-of-pair (a b)
         (equal (first-of (pair a b)) a))
       nil
       ((1 1) (pair a b))
       ((1) (first-of (cons a (cons b '()))))
       ((1) (car/cons a (cons b '())))
       (() (equal-same a))))))
```

これを、どうやって使うんですか？

43

J-Bob/define で記録した作業は、これから新たに与える証明案件の中で使えます。たとえば、次の式は何の値に等しくなるでしょう？

```
(J-Bob/prove (prelude)
  '(((dethm second-of-pair (a b)
       (equal (second-of (pair a b)) b))
     nil)))
```

うまくいきませんね。どうすれば証明できるのでしょう？

`''nil`

44

second-of-pair の証明は、prelude だけで可能でしょうか？

もちろん、不可能です。second-of-pair を証明には、prelude+first-of-pair に保存した、second-of と pair の定義が必要です。

45

prelude+first-of-pair の中にある定義を利用するために、J-Bob/prove の１つめの引数に指定してください。

```
(J-Bob/prove (prelude+first-of-pair)
  '(((dethm second-of-pair (a b)
       (equal (second-of (pair a b)) b))
     nil)))
```

そのうえで、second-of-pair の証明案件に着手すればいいのですね。

`'(equal (second-of (pair a b)) b)`

	⁴⁶	
J-Bob/proveに、証明案件を複数与えると、どうなるでしょう？		J-Bobは、最初の２つのdethmを無視してしまったのでしょうか？
| ```
(J-Bob/prove (prelude+first-of-pair)
  '(((dethm second-of-pair (a b)
       (equal (second-of (pair a b)) b))
     nil)
    ((defun in-pair? (xs)
       (if (equal (first-of xs) '?)
           't
           (equal (second-of xs) '?)))
     nil)
    ((dethm in-first-of-pair (b)
       (equal (in-pair? (pair '? b)) 't))
     nil)
    ((dethm in-second-of-pair (a)
       (equal (in-pair? (pair a '?)) 't))
     nil)))
``` | | ``` '(equal (in-pair? (pair a '?)) 't) ``` |
	⁴⁷	
J-Bob/proveは、証明案件のうち、まだ完了していない「最後」の式から順番に証明していきます。最終的に''tを得るには、「すべて」の証明が完了しなければなりませんよ。		それはそうでしょうね。J-Bob/defineのほうも、最後の証明から順番に始めるんですか？
	⁴⁸	
J-Bob/defineの結果に含まれるのは、証明が完全に終わっている定義と、それ以前に出てきたものだけです。証明が終わっていないものがあるのなら、J-Bob/proveで証明してから、J-Bob/defineを使いましょう。		わかりました。
	⁴⁹	
これから、J-Bobで行った証明を全部お見せしましょう。		早く見たい！
	⁵⁰	
次の式の値は何になりますか？		式'nilの表現が出てきました。関数list?が再帰的だからそうなると思います。
| ```
(J-Bob/prove (prelude)
  '(((defun list? (x)
       (if (atom x)
           (equal x '())
           (list? (cdr x))))
     nil)))
``` | | ``` ''nil ``` |
| | ⁵¹ | |
| 正解です。defunがすべて全域であると証明しない限り、J-Bobが''tを返してくれることはありません。 | | それをどうやって証明するんですか？ |

証明案件の種として、第 4 章の 69 コマめ（52 ページ）で定義した関数 list? の尺度を与えてあげる必要があります。次の J-Bob/prove の結果はどうなるでしょう？

```
(J-Bob/prove (prelude)
  '(((defun list? (x)
       (if (atom x)
           (equal x '())
           (list? (cdr x))))
    (size x))))
```

[52]

関数 list? に対する全域性の主張（の表現）が得られます。

```
'(if (natp (size x))
     (if (atom x)
         't
         (< (size (cdr x)) (size x)))
     'nil)
```

---

defun した状態で全域性の主張を証明しましょう。ふつうの主張を証明するときと同じように、証明のステップを J-Bob/prove に付け足します。

```
(J-Bob/prove (prelude)
  '(((defun list? (x)
       (if (atom x)
           (equal x '())
           (list? (cdr x))))
    (size x))
    ((Q) (natp/size x))
    (()
     (if-true
       (if (atom x)
           't
           (< (size (cdr x)) (size x)))
       'nil))
    ((E) (size/cdr x))
    (() (if-same (atom x) 't)))))
```

[53]

難しいことは何もありませんね。

`''t`

関数 memb? と関数 remb についても、J-Bob を使って全域性を証明できますか？

[54]

たぶんできます。難しいところはありますか？

55

なんてことはありませんよ。関数 memb? と関数 remb の証明案件に対する種として、それぞれの尺度を表現する式を使うだけです。

```
(J-Bob/prove (prelude)
  '(((defun memb? (xs)
      (if (atom xs)
          'nil
          (if (equal (car xs) '?)
              't
              (memb? (cdr xs)))))
    (size xs))
   ((defun remb (xs)
      (if (atom xs)
          '()
          (if (equal (car xs) '?)
              (remb (cdr xs))
              (cons (car xs) (remb (cdr xs))))))
    (size xs))))
```

でも、証明のステップも与えないとだめですよね。

```
'(if (natp (size xs))
     (if (atom xs)
         't
         (< (size (cdr xs)) (size xs)))
     'nil)
```

それはそうです。

56

prelude の代わりに、prelude+first-of-pair から始めてもいいですか？

57

prelude+first-of-pair からでもよいですし、pair も first-of も first-of-pair も使わないなら prelude からでもよいです。

関数 memb? と関数 remb が全域だと証明できれば、あとで楽ができますね。

58

はい。J-Bob/define を使って、prelude+memb?+remb のような名前で定義を保存すればいいでしょう。

そうしましょう。

59

いよいよ、J-Bob で帰納法に取り組みますよ。

待ってました！

60

55 コマめまでの入力を保存しておいてください。

わかりました。

⑥

証明案件の種として、`list-induction` を使います。その引数には、帰納法で考えようとしているリストの名前を指定してください。
`memb?` と `remb` の定義（と全域性の証明）を含む chapter5 も用意する必要があります。

```
(J-Bob/prove (chapter5)
  '(((dethm memb?/remb (xs)
      (equal (memb? (remb xs)) 'nil))
    (list-induction xs))))
```

こうなりました。次はどうすればいいですか？

```
'(if (atom xs)
     (equal (memb? (remb xs)) 'nil)
     (if (equal (memb? (remb (cdr xs))) 'nil)
         (equal (memb? (remb xs)) 'nil)
         't))
```

⑥

帰納的な主張が生成できたら、証明のステップを最後まで追加していきます。

それなら簡単です。

⑥

ほかの帰納法も J-Bob で使ってみましょうか。

スター型帰納法が出てきたら、ちょっと身構えてしまいます。

⑥

スター型帰納法も、リスト型帰納法と同じようなものです。`dethm` するときに種として `star-induction` を指定し、その引数として帰納法を使う引数の名前を指定しましょう。

すごく簡単ですね。

```
(J-Bob/prove (prelude)
  '(((defun sub (x y)
      (if (atom y)
          (if (equal y '?) x y)
          (cons (sub x (car y))
                (sub x (cdr y)))))
     (size y))
    ((defun ctx? (x)
      (if (atom x)
          (equal x '?)
          (if (ctx? (car x))
              't
              (ctx? (cdr x)))))
     (size x))
    ((dethm ctx?/sub (x y)
      (if (ctx? x)
          (if (ctx? y)
              (equal (ctx? (sub x y)) 't)
              't)
          't))
     (star-induction y))))
```

```
'(if (atom y)
     (if (ctx? x)
         (if (ctx? y)
             (equal (ctx? (sub x y)) 't)
             't)
         't)
     (if (if (ctx? x)
             (if (ctx? (car y))
                 (equal
                   (ctx? (sub x (car y)))
                   't)
                 't)
             't)
         (if (if (ctx? x)
                 (if (ctx? (cdr y))
                     (equal
                       (ctx? (sub x (cdr y)))
                       't)
                     't)
                 't)
             (if (ctx? x)
                 (if (ctx? y)
                     (equal
                       (ctx? (sub x y))
                       't)
                     't)
                 't)
             't)
         't))
```

J-BobでDefun型帰納法をする方法も、もうわかりますよね。

⑥⑤

はい。61コマめと64コマめを見ればわかります。list-inductionとstar-inductionは、207ページを見ると、preludeで定義されてるんですね。

B
デザートには証明を

第1章の例

```
(defun chapter1.example1 ()
  (J-Bob/step (prelude)
    '(car (cons 'ham '(eggs)))
    '(((1) (cons 'ham '(eggs)))
      (() (car '(ham eggs))))))

(defun chapter1.example2 ()
  (J-Bob/step (prelude)
    '(atom '())
    '((() (atom '())))))

(defun chapter1.example3 ()
  (J-Bob/step (prelude)
    '(atom (cons 'ham '(eggs)))
    '(((1) (cons 'ham '(eggs)))
      (() (atom '(ham eggs))))))

(defun chapter1.example4 ()
  (J-Bob/step (prelude)
    '(atom (cons a b))
    '((() (atom/cons a b)))))

(defun chapter1.example5 ()
  (J-Bob/step (prelude)
    '(equal 'flapjack (atom (cons a b)))
    '(((2) (atom/cons a b))
      (() (equal 'flapjack 'nil)))))

(defun chapter1.example6 ()
  (J-Bob/step (prelude)
    '(atom (cdr (cons (car (cons p q)) '())))
    '(((1 1 1) (car/cons p q))
      ((1) (cdr/cons p '()))
      (() (atom '())))))

(defun chapter1.example7 ()
  (J-Bob/step (prelude)
    '(atom (cdr (cons (car (cons p q)) '())))
    '(((1) (cdr/cons (car (cons p q)) '()))
      (() (atom '())))))

(defun chapter1.example8 ()
  (J-Bob/step (prelude)
    '(car (cons (equal (cons x y) (cons x y)) '(and crumpets)))
    '(((1 1) (equal-same (cons x y)))
      ((1) (cons 't '(and crumpets)))
      (() (car '(t and crumpets))))))

(defun chapter1.example9 ()
  (J-Bob/step (prelude)
    '(equal (cons x y) (cons 'bagels '(and lox)))
    '((() (equal-swap (cons x y) (cons 'bagels '(and lox)))))))

(defun chapter1.example10 ()
  (J-Bob/step (prelude)
    '(cons y (equal (car (cons (cdr x) (car y))) (equal (atom x) 'nil)))
    '(((2 1) (car/cons (cdr x) (car y))))))

(defun chapter1.example11 ()
  (J-Bob/step (prelude)
    '(cons y (equal (car (cons (cdr x) (car y))) (equal (atom x) 'nil)))
    '(((2 1) (car/cons (car (cons (cdr x) (car y))) '(oats)))
      ((2 2 2) (atom/cons (atom (cdr (cons a b))) (equal (cons a b) c)))
      ((2 2 2 1 1 1) (cdr/cons a b))
      ((2 2 2 1 2) (equal-swap (cons a b) c)))))

(defun chapter1.example12 ()
```

```
   (J-Bob/step (prelude)
     '(atom (car (cons (car a) (cdr b))))
     '(((1) (car/cons (car a) (cdr b))))))
```

第2章の例

```
(defun chapter2.example1 ()
  (J-Bob/step (prelude)
    '(if (car (cons a b)) c c)
    '(((Q) (car/cons a b))
      (() (if-same a c))
      (()
       (if-same
         (if (equal a 't) (if (equal 'nil 'nil) a b) (equal 'or (cons 'black '(coffee))))
         c))
      ((Q E 2) (cons 'black '(coffee)))
      ((Q A Q) (equal-same 'nil))
      ((Q A) (if-true a b))
      ((Q A) (equal-if a 't)))))

(defun chapter2.example2 ()
  (J-Bob/step (prelude)
    '(if (atom (car a))
         (if (equal (car a) (cdr a)) 'hominy 'grits)
         (if (equal (cdr (car a)) '(hash browns))
             (cons 'ketchup (car a))
             (cons 'mustard (car a))))
    '(((E A 2) (cons/car+cdr (car a)))
      ((E A 2 2) (equal-if (cdr (car a)) '(hash browns))))))

(defun chapter2.example3 ()
  (J-Bob/step (prelude)
    '(cons 'statement
       (cons (if (equal a 'question) (cons n '(answer)) (cons n '(else)))
             (if (equal a 'question) (cons n '(other answer)) (cons n '(other else)))))
    '(((2)
       (if-same (equal a 'question)
         (cons (if (equal a 'question) (cons n '(answer)) (cons n '(else)))
               (if (equal a 'question) (cons n '(other answer)) (cons n '(other else))))))
      ((2 A 1) (if-nest-A (equal a 'question) (cons n '(answer)) (cons n '(else))))
      ((2 E 1) (if-nest-E (equal a 'question) (cons n '(answer)) (cons n '(else))))
      ((2 A 2)
       (if-nest-A (equal a 'question) (cons n '(other answer)) (cons n '(other else))))
      ((2 E 2)
       (if-nest-E (equal a 'question)
         (cons n '(other answer))
         (cons n '(other else)))))))
```

第3章の証明

```
(defun defun.pair ()
  (J-Bob/define (prelude)
    '(((defun pair (x y)
        (cons x (cons y '())))
       nil))))

(defun defun.first-of ()
  (J-Bob/define (defun.pair)
    '(((defun first-of (x)
        (car x))
       nil))))

(defun defun.second-of ()
  (J-Bob/define (defun.first-of)
    '(((defun second-of (x)
        (car (cdr x)))
       nil))))
```

```
(defun dethm.first-of-pair ()
  (J-Bob/define (defun.second-of)
    '(((dethm first-of-pair (a b)
         (equal (first-of (pair a b)) a))
       nil
       ((1 1) (pair a b))
       ((1) (first-of (cons a (cons b '()))))
       ((1) (car/cons a (cons b '())))
       (() (equal-same a))))))
(defun dethm.second-of-pair ()
  (J-Bob/define (dethm.first-of-pair)
    '(((dethm second-of-pair (a b)
         (equal (second-of (pair a b)) b))
       nil
       ((1) (second-of (pair a b)))
       ((1 1) (pair a b))
       ((1 1) (cdr/cons a (cons b '())))
       ((1) (car/cons b '()))
       (() (equal-same b))))))
(defun defun.in-pair? ()
  (J-Bob/define (dethm.second-of-pair)
    '(((defun in-pair? (xs)
         (if (equal (first-of xs) '?) 't (equal (second-of xs) '?)))
       nil))))
(defun dethm.in-first-of-pair ()
  (J-Bob/define (defun.in-pair?)
    '(((dethm in-first-of-pair (b)
         (equal (in-pair? (pair '? b)) 't))
       nil
       ((1 1) (pair '? b))
       ((1) (in-pair? (cons '? (cons b '()))))
       ((1 Q 1) (first-of (cons '? (cons b '()))))
       ((1 Q 1) (car/cons '? (cons b '())))
       ((1 Q) (equal-same '?))
       ((1) (if-true 't (equal (second-of (cons '? (cons b '()))) '?)))
       (() (equal-same 't))))))
(defun dethm.in-second-of-pair ()
  (J-Bob/define (dethm.in-first-of-pair)
    '(((dethm in-second-of-pair (a)
         (equal (in-pair? (pair a '?)) 't))
       nil
       ((1 1) (pair a '?))
       ((1) (in-pair? (cons a (cons '? '()))))
       ((1 Q 1) (first-of (cons a (cons '? '()))))
       ((1 Q 1) (car/cons a (cons '? '())))
       ((1 E 1) (second-of (cons a (cons '? '()))))
       ((1 E 1 1) (cdr/cons a (cons '? '())))
       ((1 E 1) (car/cons '? '()))
       ((1 E) (equal-same '?))
       ((1) (if-same (equal a '?) 't))
       (() (equal-same 't))))))
```

第4章の証明

```
(defun defun.list0? ()
  (J-Bob/define (dethm.in-second-of-pair)
    '(((defun list0? (x)
         (equal x '()))
       nil))))

(defun defun.list1? ()
  (J-Bob/define (defun.list0?)
    '(((defun list1? (x)
```

```
              (if (atom x) 'nil (list0? (cdr x))))
        nil))))
(defun defun.list2? ()
  (J-Bob/define (defun.list1?)
    '(((defun list2? (x)
          (if (atom x) 'nil (list1? (cdr x))))
        nil))))
(defun dethm.contradiction ()
  (J-Bob/prove
    (list-extend (prelude)
      '(defun partial (x)
          (if (partial x) 'nil 't)))
    '(((dethm contradiction () 'nil)
       nil
       (() (if-same (partial x) 'nil))
       ((A) (if-nest-A (partial x) 'nil 't))
       ((E) (if-nest-E (partial x) 't 'nil))
       ((A Q) (partial x))
       ((E Q) (partial x))
       ((A Q) (if-nest-A (partial x) 'nil 't))
       ((E Q) (if-nest-E (partial x) 'nil 't))
       ((A) (if-false 'nil 't))
       ((E) (if-true 't 'nil))
       (() (if-same (partial x) 't))))))
(defun defun.list? ()
  (J-Bob/define (defun.list2?)
    '(((defun list? (x)
          (if (atom x) (equal x '()) (list? (cdr x))))
        (size x)
        ((Q) (natp/size x))
        (() (if-true (if (atom x) 't (< (size (cdr x)) (size x))) 'nil))
        ((E) (size/cdr x))
        (() (if-same (atom x) 't))))))
(defun defun.sub ()
  (J-Bob/define (defun.list?)
    '(((defun sub (x y)
          (if (atom y) (if (equal y '?) x y) (cons (sub x (car y)) (sub x (cdr y)))))
        (size y)
        ((Q) (natp/size y))
        (()
         (if-true
           (if (atom y)
             't
             (if (< (size (car y)) (size y)) (< (size (cdr y)) (size y)) 'nil))
           'nil))
        ((E Q) (size/car y))
        ((E A) (size/cdr y))
        ((E) (if-true 't 'nil))
        (() (if-same (atom y) 't))))))
```

第5章の証明

```
(defun defun.memb? ()
  (J-Bob/define (defun.sub)
    '(((defun memb? (xs)
          (if (atom xs) 'nil (if (equal (car xs) '?) 't (memb? (cdr xs)))))
        (size xs)
        ((Q) (natp/size xs))
        (()
         (if-true
           (if (atom xs) 't (if (equal (car xs) '?) 't (< (size (cdr xs)) (size xs))))
           'nil))
        ((E E) (size/cdr xs))
        ((E) (if-same (equal (car xs) '?) 't))
```

```
              (() (if-same (atom xs) 't))))))
(defun defun.remb ()
  (J-Bob/define (defun.memb?)
    '(((defun remb (xs)
         (if (atom xs)
             '()
             (if (equal (car xs) '?) (remb (cdr xs)) (cons (car xs) (remb (cdr xs))))))
       (size xs)
       ((Q) (natp/size xs))
       (() (if-true (if (atom xs) 't (< (size (cdr xs)) (size xs))) 'nil))
       ((E) (size/cdr xs))
       (() (if-same (atom xs) 't))))))
(defun dethm.memb?/remb0 ()
  (J-Bob/define (defun.remb)
    '(((dethm memb?/remb0 ()
         (equal (memb? (remb '())) 'nil))
       nil
       ((1 1) (remb '()))
       ((1 1 Q) (atom '()))
       ((1 1)
        (if-true '()
          (if (equal (car '()) '?) (remb (cdr '())) (cons (car '()) (remb (cdr '()))))))
       ((1) (memb? '()))
       ((1 Q) (atom '()))
       ((1) (if-true 'nil (if (equal (car '()) '?) 't (memb? (cdr '())))))
       (() (equal-same 'nil))))))
(defun dethm.memb?/remb1 ()
  (J-Bob/define (dethm.memb?/remb0)
    '(((dethm memb?/remb1 (x1)
         (equal (memb? (remb (cons x1 '()))) 'nil))
       nil
       ((1 1) (remb (cons x1 '())))
       ((1 1 Q) (atom/cons x1 '()))
       ((1 1)
        (if-false '()
          (if (equal (car (cons x1 '())) '?)
              (remb (cdr (cons x1 '())))
              (cons (car (cons x1 '())) (remb (cdr (cons x1 '())))))))
       ((1 1 Q 1) (car/cons x1 '()))
       ((1 1 A 1) (cdr/cons x1 '()))
       ((1 1 E 1) (car/cons x1 '()))
       ((1 1 E 2 1) (cdr/cons x1 '()))
       ((1)
        (if-same (equal x1 '?)
          (memb? (if (equal x1 '?) (remb '()) (cons x1 (remb '()))))))
       ((1 A 1) (if-nest-A (equal x1 '?) (remb '()) (cons x1 (remb '()))))
       ((1 E 1) (if-nest-E (equal x1 '?) (remb '()) (cons x1 (remb '()))))
       ((1 A) (memb?/remb0))
       ((1 E) (memb? (cons x1 (remb '()))))
       ((1 E Q) (atom/cons x1 (remb '())))
       ((1 E)
        (if-false 'nil
          (if (equal (car (cons x1 (remb '()))) '?)
              't
              (memb? (cdr (cons x1 (remb '())))))))
       ((1 E Q 1) (car/cons x1 (remb '())))
       ((1 E E 1) (cdr/cons x1 (remb '())))
       ((1 E) (if-nest-E (equal x1 '?) 't (memb? (remb '()))))
       ((1 E) (memb?/remb0))
       ((1) (if-same (equal x1 '?) 'nil))
       (() (equal-same 'nil))))))
(defun dethm.memb?/remb2 ()
  (J-Bob/define (dethm.memb?/remb1)
    '(((dethm memb?/remb2 (x1 x2)
         (equal (memb? (remb (cons x2 (cons x1 '())))) 'nil)
```

```
              nil
              ((1 1) (remb (cons x2 (cons x1 '()))))
              ((1 1 Q) (atom/cons x2 (cons x1 '())))
              ((1 1)
               (if-false '()
                 (if (equal (car (cons x2 (cons x1 '()))) '?)
                     (remb (cdr (cons x2 (cons x1 '()))))
                     (cons (car (cons x2 (cons x1 '())))
                       (remb (cdr (cons x2 (cons x1 '())))))))))
              ((1 1 Q 1) (car/cons x2 (cons x1 '())))
              ((1 1 A 1) (cdr/cons x2 (cons x1 '())))
              ((1 1 E 1) (car/cons x2 (cons x1 '())))
              ((1 1 E 2 1) (cdr/cons x2 (cons x1 '())))
              ((1)
               (if-same (equal x2 '?)
                 (memb?
                   (if (equal x2 '?) (remb (cons x1 '())) (cons x2 (remb (cons x1 '())))))))
              ((1 A 1)
               (if-nest-A (equal x2 '?) (remb (cons x1 '())) (cons x2 (remb (cons x1 '())))))
              ((1 E 1)
               (if-nest-E (equal x2 '?) (remb (cons x1 '())) (cons x2 (remb (cons x1 '())))))
              ((1 A) (memb?/remb1 x1))
              ((1 E) (memb? (cons x2 (remb (cons x1 '())))))
              ((1 E Q) (atom/cons x2 (remb (cons x1 '()))))
              ((1 E)
               (if-false 'nil
                 (if (equal (car (cons x2 (remb (cons x1 '())))) '?)
                     't
                     (memb? (cdr (cons x2 (remb (cons x1 '()))))))))
              ((1 E Q 1) (car/cons x2 (remb (cons x1 '()))))
              ((1 E E 1) (cdr/cons x2 (remb (cons x1 '()))))
              ((1 E) (if-nest-E (equal x2 '?) 't (memb? (remb (cons x1 '())))))
              ((1 E) (memb?/remb1 x1))
              ((1) (if-same (equal x2 '?) 'nil))
              (() (equal-same 'nil))))))
```

第6章の証明

```
(defun dethm.memb?/remb ()
  (J-Bob/define (dethm.memb?/remb2)
    '(((dethm memb?/remb (xs)
        (equal (memb? (remb xs)) 'nil))
      (list-induction xs)
      ((A 1 1) (remb xs))
      ((A 1 1)
       (if-nest-A (atom xs)
         '()
         (if (equal (car xs) '?) (remb (cdr xs)) (cons (car xs) (remb (cdr xs))))))
      ((A 1) (memb? '()))
      ((A 1 Q) (atom '()))
      ((A 1) (if-true 'nil (if (equal (car '()) '?) 't (memb? (cdr '())))))
      ((A) (equal-same 'nil))
      ((E A 1 1) (remb xs))
      ((E A 1 1)
       (if-nest-E (atom xs)
         '()
         (if (equal (car xs) '?) (remb (cdr xs)) (cons (car xs) (remb (cdr xs))))))
      ((E A 1)
       (if-same (equal (car xs) '?)
         (memb?
           (if (equal (car xs) '?) (remb (cdr xs)) (cons (car xs) (remb (cdr xs)))))))
      ((E A 1 A 1)
       (if-nest-A (equal (car xs) '?) (remb (cdr xs)) (cons (car xs) (remb (cdr xs)))))
      ((E A 1 E 1)
       (if-nest-E (equal (car xs) '?) (remb (cdr xs)) (cons (car xs) (remb (cdr xs)))))
      ((E A 1 A) (equal-if (memb? (remb (cdr xs))) 'nil))
      ((E A 1 E) (memb? (cons (car xs) (remb (cdr xs)))))
      ((E A 1 E Q) (atom/cons (car xs) (remb (cdr xs))))
```

```
        ((E A 1 E)
         (if-false 'nil
           (if (equal (car (cons (car xs) (remb (cdr xs)))) '?)
               't
               (memb? (cdr (cons (car xs) (remb (cdr xs)))))))))
        ((E A 1 E Q 1) (car/cons (car xs) (remb (cdr xs))))
        ((E A 1 E E 1) (cdr/cons (car xs) (remb (cdr xs))))
        ((E A 1 E) (if-nest-E (equal (car xs) '?) 't (memb? (remb (cdr xs)))))
        ((E A 1 E) (equal-if (memb? (remb (cdr xs))) 'nil))
        ((E A 1) (if-same (equal (car xs) '?) 'nil))
        ((E A) (equal-same 'nil))
        ((E E) (if-same (equal (memb? (remb (cdr xs))) 'nil) 't))
        (() (if-same (atom xs) 't))))))
```

第7章の証明

```
(defun defun.ctx? ()
  (J-Bob/define (dethm.memb?/remb)
    '(((defun ctx? (x)
         (if (atom x) (equal x '?) (if (ctx? (car x)) 't (ctx? (cdr x)))))
       (size x)
       ((Q) (natp/size x))
       (()
        (if-true
          (if (atom x)
              't
              (if (< (size (car x)) (size x))
                  (if (ctx? (car x)) 't (< (size (cdr x)) (size x)))
                  'nil))
          'nil))
       ((E Q) (size/car x))
       ((E A E) (size/cdr x))
       ((E A) (if-same (ctx? (car x)) 't))
       ((E) (if-true 't 'nil))
       (() (if-same (atom x) 't))))))

(defun dethm.ctx?/sub ()
  (J-Bob/define (defun.ctx?)
    '(((dethm ctx?/t (x)
         (if (ctx? x) (equal (ctx? x) 't) 't))
       (star-induction x)
       ((A A 1) (ctx? x))
       ((A A 1) (if-nest-A (atom x) (equal x '?) (if (ctx? (car x)) 't (ctx? (cdr x)))))
       ((A Q) (ctx? x))
       ((A Q) (if-nest-A (atom x) (equal x '?) (if (ctx? (car x)) 't (ctx? (cdr x)))))
       ((A A 1 1) (equal-if x '?))
       ((A A 1) (equal-same '?))
       ((A A) (equal-same 't))
       ((A) (if-same (equal x '?) 't))
       ((E A A A 1) (ctx? x))
       ((E A A A 1)
        (if-nest-E (atom x) (equal x '?) (if (ctx? (car x)) 't (ctx? (cdr x)))))
       ((E)
        (if-same (ctx? (car x))
          (if (if (ctx? (car x)) (equal (ctx? (car x)) 't) 't)
              (if (if (ctx? (cdr x)) (equal (ctx? (cdr x)) 't) 't)
                  (if (ctx? x) (equal (if (ctx? (car x)) 't (ctx? (cdr x))) 't) 't)
                  't)
              't)))
       ((E A Q) (if-nest-A (ctx? (car x)) (equal (ctx? (car x)) 't) 't))
       ((E A A A 1) (if-nest-A (ctx? (car x)) 't (ctx? (cdr x))))
       ((E E Q) (if-nest-E (ctx? (car x)) (equal (ctx? (car x)) 't) 't))
       ((E E A A 1) (if-nest-E (ctx? (car x)) 't (ctx? (cdr x))))
       ((E A A A A) (equal-same 't))
       ((E E)
        (if-true
          (if (if (ctx? (cdr x)) (equal (ctx? (cdr x)) 't) 't)
              (if (ctx? x) (equal (ctx? (cdr x)) 't) 't)
```

```
                   't)
               't))
    ((E A A A) (if-same (ctx? x) 't))
    ((E A A) (if-same (if (ctx? (cdr x)) (equal (ctx? (cdr x)) 't) 't) 't))
    ((E A) (if-same (equal (ctx? (car x)) 't) 't))
    ((E E A Q) (ctx? x))
    ((E E A Q)
     (if-nest-E (atom x) (equal x '?) (if (ctx? (car x)) 't (ctx? (cdr x)))))
    ((E E A Q) (if-nest-E (ctx? (car x)) 't (ctx? (cdr x))))
    ((E E)
     (if-same (ctx? (cdr x))
         (if (if (ctx? (cdr x)) (equal (ctx? (cdr x)) 't) 't)
             (if (ctx? (cdr x)) (equal (ctx? (cdr x)) 't) 't)
             't)))
    ((E E A Q) (if-nest-A (ctx? (cdr x)) (equal (ctx? (cdr x)) 't) 't))
    ((E E A A) (if-nest-A (ctx? (cdr x)) (equal (ctx? (cdr x)) 't) 't))
    ((E E E Q) (if-nest-E (ctx? (cdr x)) (equal (ctx? (cdr x)) 't) 't))
    ((E E E A) (if-nest-E (ctx? (cdr x)) (equal (ctx? (cdr x)) 't) 't))
    ((E E E) (if-same 't 't))
    ((E E A A 1) (equal-if (ctx? (cdr x)) 't))
    ((E E A A) (equal-same 't))
    ((E E A) (if-same (equal (ctx? (cdr x)) 't) 't))
    ((E E) (if-same (ctx? (cdr x)) 't))
    ((E) (if-same (ctx? (car x)) 't))
    (() (if-same (atom x) 't)))
((dethm ctx?/sub (x y)
   (if (ctx? x) (if (ctx? y) (equal (ctx? (sub x y)) 't) 't) 't))
 (star-induction y)
 (()
  (if-same (ctx? x)
    (if (atom y)
        (if (ctx? x) (if (ctx? y) (equal (ctx? (sub x y)) 't) 't) 't)
        (if (if (ctx? x)
                (if (ctx? (car y)) (equal (ctx? (sub x (car y))) 't) 't)
                't)
            (if (if (ctx? x)
                    (if (ctx? (cdr y)) (equal (ctx? (sub x (cdr y))) 't) 't)
                    't)
                (if (ctx? x) (if (ctx? y) (equal (ctx? (sub x y)) 't) 't) 't)
                't)
            't))))
 ((A A) (if-nest-A (ctx? x) (if (ctx? y) (equal (ctx? (sub x y)) 't) 't) 't))
 ((A E Q)
  (if-nest-A (ctx? x) (if (ctx? (car y)) (equal (ctx? (sub x (car y))) 't) 't) 't))
 ((A E A Q)
  (if-nest-A (ctx? x) (if (ctx? (cdr y)) (equal (ctx? (sub x (cdr y))) 't) 't) 't))
 ((A E A A) (if-nest-A (ctx? x) (if (ctx? y) (equal (ctx? (sub x y)) 't) 't) 't))
 ((E A) (if-nest-E (ctx? x) (if (ctx? y) (equal (ctx? (sub x y)) 't) 't) 't))
 ((E E Q)
  (if-nest-E (ctx? x) (if (ctx? (car y)) (equal (ctx? (sub x (car y))) 't) 't) 't))
   ((E E A Q)
    (if-nest-E (ctx? x) (if (ctx? (cdr y)) (equal (ctx? (sub x (cdr y))) 't) 't) 't))
 ((E E A A) (if-nest-E (ctx? x) (if (ctx? y) (equal (ctx? (sub x y)) 't) 't) 't))
 ((E E A) (if-same 't 't))
 ((E E) (if-same 't 't))
 ((E) (if-same (atom y) 't))
 ((A A A 1 1) (sub x y))
 ((A A A 1 1)
  (if-nest-A (atom y)
    (if (equal y '?) x y)
    (cons (sub x (car y)) (sub x (cdr y)))))
 ((A A A) (if-same (equal y '?) (equal (ctx? (if (equal y '?) x y)) 't)))
 ((A A A A 1 1) (if-nest-A (equal y '?) x y))
 ((A A A E 1 1) (if-nest-E (equal y '?) x y))
 ((A A A A 1) (ctx?/t x))
 ((A A A A) (equal-same 't))
 ((A A A E 1) (ctx?/t y))
 ((A A A E) (equal-same 't))
 ((A A A) (if-same (equal y '?) 't))
```

```
((A A) (if-same (ctx? y) 't))
((A E A A A 1 1) (sub x y))
((A E A A A 1 1)
 (if-nest-E (atom y)
   (if (equal y '?) x y)
   (cons (sub x (car y)) (sub x (cdr y)))))
((A E A A A 1) (ctx? (cons (sub x (car y)) (sub x (cdr y)))))
((A E A A A 1 Q) (atom/cons (sub x (car y)) (sub x (cdr y))))
((A E A A A 1 E Q 1) (car/cons (sub x (car y)) (sub x (cdr y))))
((A E A A A 1 E E 1) (cdr/cons (sub x (car y)) (sub x (cdr y))))
((A E A A A 1)
 (if-false (equal (cons (sub x (car y)) (sub x (cdr y))) '?)
   (if (ctx? (sub x (car y))) 't (ctx? (sub x (cdr y))))))
((A E A A Q) (ctx? y))
((A E A A Q)
 (if-nest-E (atom y) (equal y '?) (if (ctx? (car y)) 't (ctx? (cdr y)))))
((A E)
 (if-same (ctx? (car y))
   (if (if (ctx? (car y)) (equal (ctx? (sub x (car y))) 't) 't)
     (if (if (ctx? (cdr y)) (equal (ctx? (sub x (cdr y))) 't) 't)
       (if (if (ctx? (car y)) 't (ctx? (cdr y)))
         (equal (if (ctx? (sub x (car y))) 't (ctx? (sub x (cdr y)))) 't)
         't)
       't)
     't)))
((A E A Q) (if-nest-A (ctx? (car y)) (equal (ctx? (sub x (car y))) 't) 't))
((A E A A A Q) (if-nest-A (ctx? (car y)) 't (ctx? (cdr y))))
((A E E Q) (if-nest-E (ctx? (car y)) (equal (ctx? (sub x (car y))) 't) 't))
((A E E A A Q) (if-nest-E (ctx? (car y)) 't (ctx? (cdr y))))
((A E A A A)
 (if-true (equal (if (ctx? (sub x (car y))) 't (ctx? (sub x (cdr y)))) 't) 't))
((A E E)
 (if-true
   (if (if (ctx? (cdr y)) (equal (ctx? (sub x (cdr y))) 't) 't)
     (if (ctx? (cdr y))
       (equal (if (ctx? (sub x (car y))) 't (ctx? (sub x (cdr y)))) 't)
       't)
     't)))
((A E A A A 1 Q) (equal-if (ctx? (sub x (car y))) 't))
((A E A A A 1) (if-true 't (ctx? (sub x (cdr y)))))
((A E A A A) (equal-same 't))
((A E A A A) (if-same (if (ctx? (cdr y)) (equal (ctx? (sub x (cdr y))) 't) 't) 't))
((A E A) (if-same (equal (ctx? (sub x (car y))) 't) 't))
((A E E)
 (if-same (ctx? (cdr y))
   (if (if (ctx? (cdr y)) (equal (ctx? (sub x (cdr y))) 't) 't)
     (if (ctx? (cdr y))
       (equal (if (ctx? (sub x (car y))) 't (ctx? (sub x (cdr y)))) 't)
       't))))
((A E E A Q) (if-nest-A (ctx? (cdr y)) (equal (ctx? (sub x (cdr y))) 't) 't))
((A E E A A)
 (if-nest-A (ctx? (cdr y))
   (equal (if (ctx? (sub x (car y))) 't (ctx? (sub x (cdr y)))) 't)
   't))
((A E E E Q) (if-nest-E (ctx? (cdr y)) (equal (ctx? (sub x (cdr y))) 't) 't))
((A E E E A)
 (if-nest-E (ctx? (cdr y))
   (equal (if (ctx? (sub x (car y))) 't (ctx? (sub x (cdr y)))) 't)
   't))
((A E E E) (if-same 't 't))
((A E E A A 1 E) (equal-if (ctx? (sub x (cdr y))) 't))
((A E E A A 1) (if-same (ctx? (sub x (car y))) 't))
((A E E A A) (equal-same 't))
((A E E A) (if-same (equal (ctx? (sub x (cdr y))) 't) 't))
((A E E) (if-same (ctx? (cdr y)) 't))
((A E) (if-same (ctx? (car y)) 't))
((A) (if-same (atom y) 't))
```

```
     (() (if-same (ctx? x) 't))))))
```

第8章の証明

```
(defun defun.member? ()
  (J-Bob/define (dethm.ctx?/sub)
    '(((defun member? (x ys)
         (if (atom ys) 'nil (if (equal x (car ys)) 't (member? x (cdr ys)))))
       (size ys)
       ((Q) (natp/size ys))
       (()
        (if-true
          (if (atom ys) 't (if (equal x (car ys)) 't (< (size (cdr ys)) (size ys))))
          'nil))
       ((E E) (size/cdr ys))
       ((E) (if-same (equal x (car ys)) 't))
       (() (if-same (atom ys) 't))))))
(defun defun.set? ()
  (J-Bob/define (defun.member?)
    '(((defun set? (xs)
         (if (atom xs) 't (if (member? (car xs) (cdr xs)) 'nil (set? (cdr xs)))))
       (size xs)
       ((Q) (natp/size xs))
       (()
        (if-true
          (if (atom xs)
            't
            (if (member? (car xs) (cdr xs)) 't (< (size (cdr xs)) (size xs))))
          'nil))
       ((E E) (size/cdr xs))
       ((E) (if-same (member? (car xs) (cdr xs)) 't))
       (() (if-same (atom xs) 't))))))
(defun defun.add-atoms ()
  (J-Bob/define (defun.set?)
    '(((defun add-atoms (x ys)
         (if (atom x)
           (if (member? x ys) ys (cons x ys))
           (add-atoms (car x) (add-atoms (cdr x) ys))))
       (size x)
       ((Q) (natp/size x))
       (()
        (if-true
          (if (atom x)
            't
            (if (< (size (car x)) (size x)) (< (size (cdr x)) (size x)) 'nil))
          'nil))
       ((E Q) (size/car x))
       ((E A) (size/cdr x))
       ((E) (if-true 't 'nil))
       (() (if-same (atom x) 't))))))
(defun defun.atoms ()
  (J-Bob/define (defun.add-atoms)
    '(((defun atoms (x)
         (add-atoms x '()))
       nil))))
```

第9章の証明

```
(defun dethm.set?/atoms.attempt ()
  (J-Bob/prove (defun.atoms)
    '(((dethm set?/add-atoms (a)
         (equal (set? (add-atoms a '())) 't))
       (star-induction a)
       ((E A A 1 1) (add-atoms a '()))))
```

```
      ((dethm set?/atoms (a)
        (equal (set? (atoms a)) 't))
        nil
        ((1 1) (atoms a))
        ((1) (set?/add-atoms a))
        (() (equal-same 't))))))
(defun dethm.set?/atoms ()
  (J-Bob/define (defun.atoms)
    '(((dethm set?/t (xs)
        (if (set? xs) (equal (set? xs) 't) 't))
      (list-induction xs)
      ((A A 1) (set? xs))
      ((A A 1)
        (if-nest-A (atom xs) 't (if (member? (car xs) (cdr xs)) 'nil (set? (cdr xs)))))
      ((A A) (equal-same 't))
      ((A) (if-same (set? xs) 't))
      ((E A A 1) (set? xs))
      ((E A A 1)
        (if-nest-E (atom xs) 't (if (member? (car xs) (cdr xs)) 'nil (set? (cdr xs)))))
      ((E A Q) (set? xs))
      ((E A Q)
        (if-nest-E (atom xs) 't (if (member? (car xs) (cdr xs)) 'nil (set? (cdr xs)))))
      ((E A)
        (if-same (member? (car xs) (cdr xs))
          (if (if (member? (car xs) (cdr xs)) 'nil (set? (cdr xs)))
              (equal (if (member? (car xs) (cdr xs)) 'nil (set? (cdr xs))) 't)
              't)))
      ((E A A Q) (if-nest-A (member? (car xs) (cdr xs)) 'nil (set? (cdr xs))))
      ((E A A A 1) (if-nest-A (member? (car xs) (cdr xs)) 'nil (set? (cdr xs))))
      ((E A E Q) (if-nest-E (member? (car xs) (cdr xs)) 'nil (set? (cdr xs))))
      ((E A E A 1) (if-nest-E (member? (car xs) (cdr xs)) 'nil (set? (cdr xs))))
      ((E A A) (if-false (equal 'nil 't) 't))
      ((E)
        (if-same (set? (cdr xs))
          (if (if (set? (cdr xs)) (equal (set? (cdr xs)) 't) 't)
              (if (member? (car xs) (cdr xs))
                  't
                  (if (set? (cdr xs)) (equal (set? (cdr xs)) 't) 't))
              't)))
      ((E A Q) (if-nest-A (set? (cdr xs)) (equal (set? (cdr xs)) 't) 't))
      ((E A A E) (if-nest-A (set? (cdr xs)) (equal (set? (cdr xs)) 't) 't))
      ((E E Q) (if-nest-E (set? (cdr xs)) (equal (set? (cdr xs)) 't) 't))
      ((E E A E) (if-nest-E (set? (cdr xs)) (equal (set? (cdr xs)) 't) 't))
      ((E E A) (if-same (member? (car xs) (cdr xs)) 't))
      ((E E) (if-same 't 't))
      ((E A A E 1) (equal-if (set? (cdr xs)) 't))
      ((E A A E) (equal-same 't))
      ((E A A) (if-same (member? (car xs) (cdr xs)) 't))
      ((E A) (if-same (equal (set? (cdr xs)) 't) 't))
      ((E) (if-same (set? (cdr xs)) 't))
      (() (if-same (atom xs) 't)))
    ((dethm set?/nil (xs)
        (if (set? xs) 't (equal (set? xs) 'nil)))
      (list-induction xs)
      ((A Q) (set? xs))
      ((A Q)
        (if-nest-A (atom xs) 't (if (member? (car xs) (cdr xs)) 'nil (set? (cdr xs)))))
      ((A) (if-true 't (equal (set? xs) 'nil)))
      ((E A E 1) (set? xs))
      ((E A E 1)
        (if-nest-E (atom xs) 't (if (member? (car xs) (cdr xs)) 'nil (set? (cdr xs)))))
      ((E A Q) (set? xs))
      ((E A Q)
        (if-nest-E (atom xs) 't (if (member? (car xs) (cdr xs)) 'nil (set? (cdr xs)))))
      ((E A)
        (if-same (member? (car xs) (cdr xs))
          (if (if (member? (car xs) (cdr xs)) 'nil (set? (cdr xs)))
              't
```

```
                    (equal (if (member? (car xs) (cdr xs)) 'nil (set? (cdr xs))) 'nil))))
((E A A Q) (if-nest-A (member? (car xs) (cdr xs)) 'nil (set? (cdr xs))))
((E A A E 1) (if-nest-A (member? (car xs) (cdr xs)) 'nil (set? (cdr xs))))
((E A E Q) (if-nest-E (member? (car xs) (cdr xs)) 'nil (set? (cdr xs))))
((E A E E 1) (if-nest-E (member? (car xs) (cdr xs)) 'nil (set? (cdr xs))))
((E A A E) (equal-same 'nil))
((E A A) (if-same 'nil 't))
((E)
 (if-same (set? (cdr xs))
   (if (if (set? (cdr xs)) 't (equal (set? (cdr xs)) 'nil))
       (if (member? (car xs) (cdr xs))
           't
           (if (set? (cdr xs)) 't (equal (set? (cdr xs)) 'nil)))
       't)))
((E A Q) (if-nest-A (set? (cdr xs)) 't (equal (set? (cdr xs)) 'nil)))
((E A A E) (if-nest-A (set? (cdr xs)) 't (equal (set? (cdr xs)) 'nil)))
((E E Q) (if-nest-E (set? (cdr xs)) 't (equal (set? (cdr xs)) 'nil)))
((E E A E) (if-nest-E (set? (cdr xs)) 't (equal (set? (cdr xs)) 'nil)))
((E A A) (if-same (member? (car xs) (cdr xs)) 't))
((E A) (if-same 't 't))
((E E A E 1) (equal-if (set? (cdr xs)) 'nil))
((E E A E) (equal-same 'nil))
((E E A) (if-same (member? (car xs) (cdr xs)) 't))
((E E) (if-same (equal (set? (cdr xs)) 'nil) 't))
((E) (if-same (set? (cdr xs)) 't))
(() (if-same (atom xs) 't)))
((dethm set?/add-atoms (a bs)
          (if (set? bs) (equal (set? (add-atoms a bs)) 't) 't))
 (add-atoms a bs)
 ((A A 1 1) (add-atoms a bs))
 ((A A 1 1)
  (if-nest-A (atom a)
    (if (member? a bs) bs (cons a bs))
    (add-atoms (car a) (add-atoms (cdr a) bs))))
((A A 1) (if-same (member? a bs) (set? (if (member? a bs) bs (cons a bs)))))
((A A 1 A 1) (if-nest-A (member? a bs) bs (cons a bs)))
((A A 1 E 1) (if-nest-E (member? a bs) bs (cons a bs)))
((A A 1 A) (set?/t bs))
((A A 1 E) (set? (cons a bs)))
((A A 1 E Q) (atom/cons a bs))
((A A 1 E E Q 1) (car/cons a bs))
((A A 1 E E Q 2) (cdr/cons a bs))
((A A 1 E E E 1) (cdr/cons a bs))
((A A 1 E) (if-false 't (if (member? a bs) 'nil (set? bs))))
((A A 1 E) (if-nest-E (member? a bs) 'nil (set? bs)))
((A A 1 E) (set?/t bs))
((A A 1) (if-same (member? a bs) 't))
((A A) (equal-same 't))
((A) (if-same (set? bs) 't))
((E)
 (if-same (set? bs)
   (if (if (set? (add-atoms (cdr a) bs))
           (equal (set? (add-atoms (car a) (add-atoms (cdr a) bs))) 't)
           't)
       (if (if (set? bs) (equal (set? (add-atoms (cdr a) bs)) 't) 't)
           (if (set? bs) (equal (set? (add-atoms a bs)) 't) 't)
           't)
       't)))
((E A A Q) (if-nest-A (set? bs) (equal (set? (add-atoms (cdr a) bs)) 't) 't))
((E A A A) (if-nest-A (set? bs) (equal (set? (add-atoms a bs)) 't) 't))
((E E A Q) (if-nest-E (set? bs) (equal (set? (add-atoms (cdr a) bs)) 't) 't))
((E E A A) (if-nest-E (set? bs) (equal (set? (add-atoms a bs)) 't) 't))
((E E A) (if-same 't 't))
((E E)
 (if-same
   (if (set? (add-atoms (cdr a) bs))
       (equal (set? (add-atoms (car a) (add-atoms (cdr a) bs))) 't)
       't)
   't))
```

```
    ((E A)
     (if-same (set? (add-atoms (cdr a) bs))
        (if (if (set? (add-atoms (cdr a) bs))
                (equal (set? (add-atoms (car a) (add-atoms (cdr a) bs))) 't)
                't)
            (if (equal (set? (add-atoms (cdr a) bs)) 't)
                (equal (set? (add-atoms a bs)) 't)
                't)
            't)))
    ((E A A Q)
     (if-nest-A (set? (add-atoms (cdr a) bs))
        (equal (set? (add-atoms (car a) (add-atoms (cdr a) bs))) 't)
        't))
    ((E A E Q)
     (if-nest-E (set? (add-atoms (cdr a) bs))
        (equal (set? (add-atoms (car a) (add-atoms (cdr a) bs))) 't)
        't))
    ((E A E)
     (if-true
        (if (equal (set? (add-atoms (cdr a) bs)) 't)
            (equal (set? (add-atoms a bs)) 't)
            't)
        't))
    ((E A A A Q 1) (set?/t (add-atoms (cdr a) bs)))
    ((E A E Q 1) (set?/nil (add-atoms (cdr a) bs)))
    ((E A A Q) (equal 't 't))
    ((E A E Q) (equal 'nil 't))
    ((E A A A) (if-true (equal (set? (add-atoms a bs)) 't) 't))
    ((E A E) (if-false (equal (set? (add-atoms a bs)) 't) 't))
    ((E A A A 1 1) (add-atoms a bs))
    ((E A A A 1 1)
     (if-nest-E (atom a)
        (if (member? a bs) bs (cons a bs))
        (add-atoms (car a) (add-atoms (cdr a) bs))))
    ((E A A A 1) (equal-if (set? (add-atoms (car a) (add-atoms (cdr a) bs))) 't))
    ((E A A A) (equal-same 't))
    ((E A A)
     (if-same (equal (set? (add-atoms (car a) (add-atoms (cdr a) bs))) 't) 't))
    ((E A) (if-same (set? (add-atoms (cdr a) bs)) 't))
    ((E) (if-same (set? bs) 't))
    (() (if-same (atom a) 't)))
  ((dethm set?/atoms (a)
          (equal (set? (atoms a)) 't))
   nil
   ((1 1) (atoms a))
   (() (if-true (equal (set? (add-atoms a '())) 't) 't))
   ((Q) (if-true 't (if (member? (car '()) (cdr '())) 'nil (set? (cdr '())))))
   ((Q Q) (atom '()))
   ((Q) (set? '()))
   ((A 1) (set?/add-atoms a '()))
   ((A) (equal-same 't))
   (() (if-same (set? '()) 't))))))

# 第10章の証明
(defun defun.rotate ()
  (J-Bob/define (dethm.set?/atoms)
    '(((defun rotate (x)
        (cons (car (car x)) (cons (cdr (car x)) (cdr x))))
       nil))))

(defun dethm.rotate/cons ()
  (J-Bob/define (defun.rotate)
    '(((dethm rotate/cons (x y z)
         (equal (rotate (cons (cons x y) z)) (cons x (cons y z))))
       nil
       ((1) (rotate (cons (cons x y) z)))
       ((1 1 1) (car/cons (cons x y) z))
```

```
                        ((1 1) (car/cons x y))
                        ((1 2 1 1) (car/cons (cons x y) z))
                        ((1 2 1) (cdr/cons x y))
                        ((1 2 2) (cdr/cons (cons x y) z))
                        (() (equal-same (cons x (cons y z)))))))))
(defun defun.align.attempt ()
  (J-Bob/prove (dethm.rotate/cons)
    '(((defun align (x)
         (if (atom x)
             x
             (if (atom (car x)) (cons (car x) (align (cdr x))) (align (rotate x)))))
       (size x)
       ((Q) (natp/size x))
       (()
        (if-true
          (if (atom x)
              't
              (if (atom (car x))
                  (< (size (cdr x)) (size x))
                  (< (size (rotate x)) (size x))))
          'nil))
       ((E A) (size/cdr x))
       ((E E 1 1 1) (cons/car+cdr x))
       ((E E 2 1) (cons/car+cdr x))
       ((E E 1 1 1 1) (cons/car+cdr (car x)))
       ((E E 2 1 1) (cons/car+cdr (car x)))
       ((E E 1 1) (rotate/cons (car (car x)) (cdr (car x)) (cdr x)))))))
(defun defun.wt ()
  (J-Bob/define (dethm.rotate/cons)
    '(((defun wt (x)
         (if (atom x) '1 (+ (+ (wt (car x)) (wt (car x))) (wt (cdr x)))))
       (size x)
       ((Q) (natp/size x))
       (()
        (if-true
          (if (atom x)
              't
              (if (< (size (car x)) (size x)) (< (size (cdr x)) (size x)) 'nil))
          'nil))
       ((E Q) (size/car x))
       ((E A) (size/cdr x))
       ((E) (if-true 't 'nil))
       (() (if-same (atom x) 't))))))
(defun defun.align ()
  (J-Bob/define (defun.wt)
    '(((dethm natp/wt (x)
         (equal (natp (wt x)) 't))
       (star-induction x)
       ((A 1 1) (wt x))
       ((A 1 1) (if-nest-A (atom x) '1 (+ (+ (wt (car x)) (wt (car x))) (wt (cdr x)))))
       ((A 1) (natp '1))
       ((A) (equal-same 't))
       ((E A A 1 1) (wt x))
       ((E A A 1 1)
        (if-nest-E (atom x) '1 (+ (+ (wt (car x)) (wt (car x))) (wt (cdr x)))))
       ((E A A)
        (if-true (equal (natp (+ (+ (wt (car x)) (wt (car x))) (wt (cdr x)))) 't) 't))
       ((E A A Q) (equal-if (natp (wt (car x))) 't))
       ((E A A A)
        (if-true (equal (natp (+ (+ (wt (car x)) (wt (car x))) (wt (cdr x)))) 't) 't))
       ((E A A A Q) (natp/+ (wt (car x)) (wt (car x))))
       ((E A A Q) (equal-if (natp (wt (car x))) 't))
       ((E A A Q) (equal-if (natp (wt (cdr x))) 't))
       ((E A A A A 1) (natp/+ (+ (wt (car x)) (wt (car x))) (wt (cdr x))))
       ((E A A A A) (equal-same 't))
       ((E A A A) (if-same (natp (+ (wt (car x)) (wt (car x)))) 't))
```

```
((E A A) (if-same (natp (wt (cdr x))) 't))
((E A) (if-same (equal (natp (wt (cdr x))) 't) 't))
((E) (if-same (equal (natp (wt (car x))) 't) 't))
(() (if-same (atom x) 't)))
((dethm positive/wt (x)
   (equal (< '0 (wt x)) 't))
 (star-induction x)
 ((A 1 2) (wt x))
 ((A 1 2) (if-nest-A (atom x) '1 (+ (+ (wt (car x)) (wt (car x))) (wt (cdr x)))))
 ((A 1) (< '0 '1))
 ((A) (equal-same 't))
 ((E A A 1 2) (wt x))
 ((E A A 1 2)
  (if-nest-E (atom x) '1 (+ (+ (wt (car x)) (wt (car x))) (wt (cdr x)))))
 ((E A)
  (if-true (equal (< '0 (+ (+ (wt (car x)) (wt (car x))) (wt (cdr x)))) 't) 't))
 ((E A A Q) (equal-if (< '0 (wt (car x))) 't))
 ((E A A A)
  (if-true (equal (< '0 (+ (+ (wt (car x)) (wt (car x))) (wt (cdr x)))) 't) 't))
 ((E A A A Q) (positives-+ (wt (car x)) (wt (car x))))
 ((E A A Q) (equal-if (< '0 (wt (car x))) 't))
 ((E A A Q) (equal-if (< '0 (wt (cdr x))) 't))
 ((E A A A A 1) (positives-+ (+ (wt (car x)) (wt (car x))) (wt (cdr x))))
 ((E A A A A) (equal-same 't))
 ((E A A A) (if-same (< '0 (+ (wt (car x)) (wt (car x)))) 't))
 ((E A A) (if-same (< '0 (wt (cdr x))) 't))
 ((E A) (if-same (equal (< '0 (wt (cdr x))) 't) 't))
 ((E) (if-same (equal (< '0 (wt (car x))) 't) 't))
 (() (if-same (atom x) 't)))
((defun align (x)
   (if (atom x)
       x
       (if (atom (car x)) (cons (car x) (align (cdr x))) (align (rotate x)))))
 (wt x)
 ((Q) (natp/wt x))
 (()
  (if-true
    (if (atom x)
        't
        (if (atom (car x)) (< (wt (cdr x)) (wt x)) (< (wt (rotate x)) (wt x))))
    'nil))
 ((E A 2) (wt x))
 ((E A 2) (if-nest-E (atom x) '1 (+ (+ (wt (car x)) (wt (car x))) (wt (cdr x)))))
 ((E A)
  (if-true (< (wt (cdr x)) (+ (+ (wt (car x)) (wt (car x))) (wt (cdr x)))) 't))
 ((E A Q) (natp/wt (cdr x)))
 ((E A A 1) (identity-+ (wt (cdr x))))
 ((E A A) (common-addends-< '0 (+ (wt (car x)) (wt (car x))) (wt (cdr x))))
 ((E A Q) (natp/wt (cdr x)))
 ((E A Q) (positive/wt (car x)))
 ((E A A) (positives-+ (wt (car x)) (wt (car x))))
 ((E A) (if-same (< '0 (wt (car x))) 't))
 ((E E 1 1) (rotate x))
 ((E E 1) (wt (cons (car (car x)) (cons (cdr (car x)) (cdr x)))))
 ((E E 1 Q) (atom/cons (car (car x)) (cons (cdr (car x)) (cdr x))))
 ((E E 1)
  (if-false '1
    (+ (+ (wt (car (cons (car (car x)) (cons (cdr (car x)) (cdr x)))))
          (wt (car (cons (car (car x)) (cons (cdr (car x)) (cdr x))))))
       (wt (cdr (cons (car (car x)) (cons (cdr (car x)) (cdr x))))))))
 ((E E 1 1 1 1) (car/cons (car (car x)) (cons (cdr (car x)) (cdr x))))
 ((E E 1 1 2 1) (car/cons (car (car x)) (cons (cdr (car x)) (cdr x))))
 ((E E 1 2 1) (cdr/cons (car (car x)) (cons (cdr (car x)) (cdr x))))
 ((E E 1 2) (wt (cons (cdr (car x)) (cdr x))))
 ((E E 1 2 Q) (atom/cons (cdr (car x)) (cdr x)))
 ((E E 1 2)
  (if-false '1
    (+ (+ (wt (car (cons (cdr (car x)) (cdr x))))
          (wt (car (cons (cdr (car x)) (cdr x)))))
```

                    (wt (cdr (cons (cdr (car x)) (cdr x)))))))
          ((E E 1 2 1 1 1) (car/cons (cdr (car x)) (cdr x)))
          ((E E 1 2 1 2 1) (car/cons (cdr (car x)) (cdr x)))
          ((E E 1 2 2 1) (cdr/cons (cdr (car x)) (cdr x)))
          ((E E 2) (wt x))
          ((E E 2) (if-nest-E (atom x) '1 (+ (+ (wt (car x)) (wt (car x))) (wt (cdr x)))))
          ((E E 2 1 1) (wt (car x)))
          ((E E 2 1 1)
           (if-nest-E (atom (car x))
            '1
            (+ (+ (wt (car (car x))) (wt (car (car x)))) (wt (cdr (car x))))))
          ((E E 2 1 2) (wt (car x)))
          ((E E 2 1 2)
           (if-nest-E (atom (car x))
            '1
            (+ (+ (wt (car (car x))) (wt (car (car x)))) (wt (cdr (car x))))))
          ((E E 1)
           (associate-+
            (+ (wt (car (car x))) (wt (car (car x))))
            (+ (wt (cdr (car x))) (wt (cdr (car x))))
            (wt (cdr x))))
          ((E E)
           (common-addends-<
            (+ (+ (wt (car (car x))) (wt (car (car x))))
               (+ (wt (cdr (car x))) (wt (cdr (car x)))))
            (+ (+ (+ (wt (car (car x))) (wt (car (car x)))) (wt (cdr (car x))))
               (+ (+ (wt (car (car x))) (wt (car (car x)))) (wt (cdr (car x)))))
            (wt (cdr x))))
          ((E E 1)
           (associate-+
            (+ (wt (car (car x))) (wt (car (car x))))
            (wt (cdr (car x)))
            (wt (cdr (car x)))))
          ((E E 1)
           (commute-+
            (+ (+ (wt (car (car x))) (wt (car (car x)))) (wt (cdr (car x))))
            (wt (cdr (car x)))))
          ((E E)
           (common-addends-<
            (wt (cdr (car x)))
            (+ (+ (wt (car (car x))) (wt (car (car x)))) (wt (cdr (car x))))
            (+ (+ (wt (car (car x))) (wt (car (car x)))) (wt (cdr (car x))))))
          ((E E)
           (if-true
            (< (wt (cdr (car x)))
               (+ (+ (wt (car (car x))) (wt (car (car x)))) (wt (cdr (car x)))))
            't))
          ((E E Q) (natp/wt (cdr (car x))))
          ((E E A 1) (identity-+ (wt (cdr (car x)))))
          ((E E A)
           (common-addends-<
            '0
            (+ (wt (car (car x))) (wt (car (car x))))
            (wt (cdr (car x)))))
          ((E E Q) (natp/wt (cdr (car x))))
          ((E E Q) (positive/wt (car (car x))))
          ((E E A) (positives-+ (wt (car (car x))) (wt (car (car x)))))
          ((E E) (if-same (< '0 (wt (car (car x)))) 't))
          ((E) (if-same (atom (car x)) 't))
          (() (if-same (atom x) 't))))))

(defun dethm.align/align ()
  (J-Bob/define (defun.align)
    '(((dethm align/align (x)
         (equal (align (align x)) (align x)))
       (align x)
       ((A 1 1) (align x))
       ((A 1 1)
        (if-nest-A (atom x)

```
             x
             (if (atom (car x)) (cons (car x) (align (cdr x))) (align (rotate x))))))
((A 2) (align x))
((A 2)
 (if-nest-A (atom x)
      x
      (if (atom (car x)) (cons (car x) (align (cdr x))) (align (rotate x))))))
((A 1) (align x))
((A 1)
 (if-nest-A (atom x)
      x
      (if (atom (car x)) (cons (car x) (align (cdr x))) (align (rotate x))))))
((A) (equal-same x))
((E A A 1 1) (align x))
((E A A 1 1)
 (if-nest-E (atom x)
      x
      (if (atom (car x)) (cons (car x) (align (cdr x))) (align (rotate x))))))
((E A A 1 1)
 (if-nest-A (atom (car x)) (cons (car x) (align (cdr x))) (align (rotate x))))
((E A A 2) (align x))
((E A A 2)
 (if-nest-E (atom x)
      x
      (if (atom (car x)) (cons (car x) (align (cdr x))) (align (rotate x))))))
((E A A 2)
 (if-nest-A (atom (car x)) (cons (car x) (align (cdr x))) (align (rotate x))))
((E A A 1) (align (cons (car x) (align (cdr x)))))
((E A A 1 Q) (atom/cons (car x) (align (cdr x))))
((E A A 1 E Q 1) (car/cons (car x) (align (cdr x))))
((E A A 1 E A 1) (car/cons (car x) (align (cdr x))))
((E A A 1 E A 2 1) (cdr/cons (car x) (align (cdr x))))
((E A A 1)
 (if-false (cons (car x) (align (cdr x)))
    (if (atom (car x))
       (cons (car x) (align (align (cdr x))))
       (align (rotate (cons (car x) (align (cdr x)))))))))
((E A A 1)
 (if-nest-A (atom (car x))
    (cons (car x) (align (align (cdr x))))
    (align (rotate (cons (car x) (align (cdr x))))))))
((E A A 1 2) (equal-if (align (cdr x))) (align (cdr x))))
((E A A) (equal-same (cons (car x) (align (cdr x)))))
((E A) (if-same (equal (align (align (cdr x))) (align (cdr x))) 't))
((E E A 1 1) (align x))
((E E A 1 1)
 (if-nest-E (atom x)
      x
      (if (atom (car x)) (cons (car x) (align (cdr x))) (align (rotate x))))))
((E E A 1 1)
 (if-nest-E (atom (car x)) (cons (car x) (align (cdr x))) (align (rotate x))))
((E E A 2) (align x))
((E E A 2)
 (if-nest-E (atom x)
      x
      (if (atom (car x)) (cons (car x) (align (cdr x))) (align (rotate x))))))
((E E A 2)
 (if-nest-E (atom (car x)) (cons (car x) (align (cdr x))) (align (rotate x))))
((E E A 1) (equal-if (align (align (rotate x))) (align (rotate x))))
((E E A) (equal-same (align (rotate x))))
((E E) (if-same (equal (align (rotate x))) (align (rotate x))) 't))
((E) (if-same (atom (car x)) 't))
(() (if-same (atom x) 't))))))
```

C
小さなお手伝い

これからお見せするのは、J-Bobの定義です。ソースコードは https://the-little-prover.github.io/ から入手できます。J-Bob自体がJ-Bobの言語で定義されています。まずは、この言語の実装が必要です。ここでは、ACL2による実装と、Schemeによる実装を紹介します。読者のみなさんも、できれば好きな言語でJ-Bobとその言語を実装してみてください。実装する言語によって違う部分は出てくるでしょう。たとえば、ACL2では (equal 'nil '()) は 't に等しくなりますが、Schemeでは 'nil です。本書の例は、そうした違いによる影響が出ないように選びました。ACL2とSchemeには、いずれもJ-Bobの公理と整合する9つの組み込み関数が実装されているので、どちらの言語による実装でも矛盾は起こりません（self-consistent です）。

ACL2でJ-Bobを使うには

本書のプログラムは、ACL2という定理証明支援系との互換性を重視して選びました。ACL2は、本書の大部分のベースでもあります。式、関数の定義、9つの組み込み関数のうち8つは、ACL2と互換性があります。ACL2では、dethm と size の定義が必要です。

```
(defun if->implies (exp hyps)
  (case-match exp
    (('if Q A E)
     (append
      (if->implies A '(,@hyps ,Q))
      (if->implies E '(,@hyps (not ,Q)))))
    (('equal X Y)
     '((:rewrite :corollary
        (implies (and ,@hyps)
          (equal ,X ,Y)))))
    (& '())))
```

```
(defmacro dethm (name args body)
  (declare (ignore args))
  (let ((rules (if->implies body '())))
    '(defthm ,name ,body
       :rule-classes ,rules)))

(defun size (x)
  (if (atom x)
      '0
      (+ '1 (size (car x)) (size (cdr x)))))
```

SchemeでJ-Bobを使うには

本書のプログラムはSchemeで定義することも可能です。その場合には、#tと#fの代わりに'tと'nilで動くようにifを再定義し、組み込み関数のうち足りないものを定義して、Schemeにもともとある関数のいくつかを**全域**なものに変更する、つまり、どんな入力に対しても何らかの値を返すようにする必要があります。そのためのコードを下記に示します。

```
(define s.car car)
(define s.cdr cdr)
(define s.+ +)
(define s.< <)
(define (num x) (if (number? x) x 0))

(define (if/nil Q A E)
  (if (equal? Q 'nil) (E) (A)))

(define (atom x) (if (pair? x) 'nil 't))
(define (car x) (if (pair? x) (s.car x) '()))
(define (cdr x) (if (pair? x) (s.cdr x) '()))
(define (equal x y) (if (equal? x y) 't 'nil))
(define (natp x)
  (if (integer? x) (if (< x 0) 'nil 't) 'nil))
(define (+ x y) (s.+ (num x) (num y)))
(define (< x y)
  (if (s.< (num x) (num y)) 't 'nil))
```

```
(define-syntax if
  (syntax-rules ()
    ((_ Q A E)
     (if/nil Q (lambda () A) (lambda () E)))))

(define-syntax defun
  (syntax-rules ()
    ((_ name (arg ...) body)
     (define (name arg ...) body))))

(define-syntax dethm
  (syntax-rules ()
    ((_ name (arg ...) body)
     (define (name arg ...) body))))

(defun size (x)
  (if (atom x)
      '0
      (+ '1 (size (car x)) (size (cdr x)))))
```

J-Bobの定義

J-Bobでは、あとに書かれた定義を参照できません（これはACL2と同様です）。そのため、J-Bobを書くにはボトムアップで書いていく必要があります。関数の名前については、命名規約が2つあります。まず、タグ付きリストの構成子の名前には、末尾に-cを付けます。それから、真偽値を返す関数の名前には、末尾に?を

付けます（equal、atom、natp、<を除く）。各章に登場するすべての定理と関数は ACL2 で検証済みであり、J-Bob を使って1ステップずつ実行した証明についても同様です。

筆者らの J-Bob 実装で最初に定義しているのはリスト操作です。

```
(defun list0 () '())
(defun list0? (x) (equal x '()))

(defun list1 (x) (cons x (list0)))
(defun list1? (x)
  (if (atom x) 'nil (list0? (cdr x))))
(defun elem1 (xs) (car xs))

(defun list2 (x y) (cons x (list1 y)))
(defun list2? (x)
  (if (atom x) 'nil (list1? (cdr x))))
(defun elem2 (xs) (elem1 (cdr xs)))

(defun list3 (x y z) (cons x (list2 y z)))
(defun list3? (x)
  (if (atom x) 'nil (list2? (cdr x))))
(defun elem3 (xs) (elem2 (cdr xs)))

(defun tag (sym x) (cons sym x))
(defun tag? (sym x)
  (if (atom x) 'nil (equal (car x) sym)))
(defun untag (x) (cdr x))

(defun member? (x ys)
  (if (atom ys)
      'nil
      (if (equal x (car ys))
          't
          (member? x (cdr ys)))))
```

データの表現方法としては、J-Bob の実装言語の構文を反映したものを選びました。式には、quote、if、関数適用、変数参照の4つがあります。クォートされた式は、J-Bob の定義と同じ構文を利用して J-Bob に渡せます。関数と定理の定義には、それぞれ defun と dethm を使います。

```
(defun quote-c (value)
  (tag 'quote (list1 value)))
(defun quote? (x)
  (if (tag? 'quote x) (list1? (untag x)) 'nil))
(defun quote.value (e) (elem1 (untag e)))

(defun if-c (Q A E) (tag 'if (list3 Q A E)))
(defun if? (x)
  (if (tag? 'if x) (list3? (untag x)) 'nil))
(defun if.Q (e) (elem1 (untag e)))
(defun if.A (e) (elem2 (untag e)))
(defun if.E (e) (elem3 (untag e)))

(defun app-c (name args) (cons name args))
(defun app? (x)
  (if (atom x)
```

```
                'nil
                (if (quote? x)
                    'nil
                    (if (if? x)
                        'nil
                        't))))
    (defun app.name (e) (car e))
    (defun app.args (e) (cdr e))
    (defun var? (x)
      (if (equal x 't)
          'nil
          (if (equal x 'nil)
              'nil
              (if (natp x)
                  'nil
                  (atom x)))))
    (defun defun-c (name formals body)
      (tag 'defun (list3 name formals body)))
    (defun defun? (x)
      (if (tag? 'defun x) (list3? (untag x)) 'nil))
    (defun defun.name (def) (elem1 (untag def)))
    (defun defun.formals (def) (elem2 (untag def)))
    (defun defun.body (def) (elem3 (untag def)))
    (defun dethm-c (name formals body)
      (tag 'dethm (list3 name formals body)))
    (defun dethm? (x)
      (if (tag? 'dethm x) (list3? (untag x)) 'nil))
    (defun dethm.name (def) (elem1 (untag def)))
    (defun dethm.formals (def) (elem2 (untag def)))
    (defun dethm.body (def) (elem3 (untag def)))
```

if-QAEとQAE-ifは、if式とその3つの部分式からなるリストを互いに変換する関数です。rator?は、組み込み関数かどうかを識別する関数です。rator.formalsは、組み込み関数の仮引数のリストを作る関数です。

```
    (defun if-QAE (e)
      (list3 (if.Q e) (if.A e) (if.E e)))
    (defun QAE-if (es)
      (if-c (elem1 es) (elem2 es) (elem3 es)))

    (defun rator? (name)
      (member? name
        '(equal atom car cdr cons natp size + <)))

    (defun rator.formals (rator)
      (if (member? rator '(atom car cdr natp size))
          '(x)
          (if (member? rator '(equal cons + <))
              '(x y)
              'nil)))
```

def.nameとdef.formalsは、defunもしくはdethmであるような値の一部を取り出す関数です。

```
(defun def.name (def)
  (if (defun? def)
      (defun.name def)
      (if (dethm? def)
          (dethm.name def)
          def)))

(defun def.formals (def)
  (if (dethm? def)
      (dethm.formals def)
      (if (defun? def)
          (defun.formals def)
          '())))
```

　if-c-when-necessaryは、Answer部とElse部とが異なる場合にif式を構成する関数です。conjunctionとimplicationは、適切に入れ子になったif式を変換して、式からなるリストにする関数です。

```
(defun if-c-when-necessary (Q A E)
  (if (equal A E) A (if-c Q A E)))

(defun conjunction (es)
  (if (atom es)
      (quote-c 't)
      (if (atom (cdr es))
          (car es)
          (if-c (car es)
            (conjunction (cdr es))
            (quote-c 'nil)))))

(defun implication (es e)
  (if (atom es)
      e
      (if-c (car es)
        (implication (cdr es) e)
        (quote-c 't))))
```

　次は、集合と連想リストを操作する関数です。連想リストは、定義のリストです。lookupは、定義のリストから、引数で与えた名前を持つ要素を取り出す関数です。各要素の名前はdef.nameで確認します。undefined?は、与えられた名前に一致する定義が連想リストにないことを調べる関数です。

　args-arity?とapp-arity?は、関数適用で正しい数の引数が与えられているかどうかを調べる関数です。

```
(defun lookup (name defs)
  (if (atom defs)
      name
      (if (equal (def.name (car defs)) name)
          (car defs)
          (lookup name (cdr defs)))))

(defun undefined? (name defs)
  (if (var? name)
      (equal (lookup name defs) name)
```

```
          'nil))
```

```
(defun args-arity? (def args)
  (if (dethm? def)
      'nil
      (if (defun? def)
          (arity? (defun.formals def) args)
          (if (rator? def)
              (arity? (rator.formals def) args)
              'nil))))
(defun app-arity? (defs app)
  (args-arity? (lookup (app.name app) defs)
    (app.args app)))
```

J-Bobは、証明の処理に入る前に、入力がきちんとしたものかどうかを確かめます。式に未定義の名前が使われていないか、関数適用の引数の数は正しいかなどは、関数expr?によって確かめます。exprs?は、式のリストに対して、そうしたチェックを行う関数です。束縛変数のリストとして'anyが渡された場合は、束縛されていない変数が含まれていてもチェックが通ります。関数と定理の本体では束縛されている変数しか使えませんが、証明の各ステップでは自由に新しい変数を導入できます。

```
(defun bound? (var vars)
  (if (equal vars 'any) 't (member? var vars)))

(defun exprs? (defs vars es)
  (if (atom es)
      't
      (if (var? (car es))
          (if (bound? (car es) vars)
              (exprs? defs vars (cdr es))
              'nil)
          (if (quote? (car es))
              (exprs? defs vars (cdr es))
              (if (if? (car es))
                  (if (exprs? defs vars
                        (if-QAE (car es)))
                      (exprs? defs vars (cdr es))
                      'nil)
                  (if (app? (car es))
                      (if (app-arity? defs (car es))
                          (if (exprs? defs vars
                                (app.args (car es)))
                              (exprs? defs vars (cdr es))
                              'nil)
                          'nil)
                      'nil))))))
(defun expr? (defs vars e)
  (exprs? defs vars (list1 e)))
```

集合は、重複のないリストで表します。関係する関数には、subset?、list-extend、list-unionがあります。list-unionでは、全域性の主張や帰納的な主張を構成する

のに都合がいいように、左から右の順番で要素の順番が保持されます。

```
(defun subset? (xs ys)
  (if (atom xs)
      't
      (if (member? (car xs) ys)
          (subset? (cdr xs) ys)
          'nil)))
(defun list-extend (xs x)
  (if (atom xs)
      (list1 x)
      (if (equal (car xs) x)
          xs
          (cons (car xs)
            (list-extend (cdr xs) x)))))
(defun list-union (xs ys)
  (if (atom ys)
      xs
      (list-union (list-extend xs (car ys))
        (cdr ys))))
```

get-argとset-argは、引数リストを処理するための関数です。引数は1から数えます。

```
(defun get-arg-from (n args from)
  (if (atom args)
      'nil
      (if (equal n from)
          (car args)
          (get-arg-from n (cdr args) (+ from '1)))))
(defun get-arg (n args)
  (get-arg-from n args '1))
(defun set-arg-from (n args y from)
  (if (atom args)
      '()
      (if (equal n from)
          (cons y (cdr args))
          (cons (car args)
            (set-arg-from n (cdr args) y
              (+ from '1))))))
(defun set-arg (n args y)
  (set-arg-from n args y '1))
```

引数リストに対する述語がいくつかあります。<=lenは、引数リストの長さが指定した数以下かどうかを返します。arity?は、仮引数のリストと実引数のリストが同じ長さかどうかを返します。formals?は、与えられたリストが重複のない仮引数のリストになっているかどうかを返します。

```
(defun <=len-from (n args from)
  (if (atom args)
      'nil
      (if (equal n from)
          't
```

```
                (<=len-from n (cdr args) (+ from '1)))))
(defun <=len (n args)
  (if (< '0 n) (<=len-from n args '1) 'nil))

(defun arity? (vars es)
  (if (atom vars)
      (atom es)
      (if (atom es)
          'nil
          (arity? (cdr vars) (cdr es)))))

(defun formals? (vars)
  (if (atom vars)
      't
      (if (var? (car vars))
          (if (member? (car vars) (cdr vars))
              'nil
              (formals? (cdr vars)))
          'nil)))
```

フォーカスへのパスをたどるには、path? および direction? を使います。

```
(defun direction? (dir)
  (if (natp dir)
      't
      (member? dir '(Q A E))))

(defun path? (path)
  (if (atom path)
      't
      (if (direction? (car path))
          (path? (cdr path))
          'nil)))
```

関数 quoted-exprs? は、クォートされたリテラルからなるリストかどうかを返す述語です。

```
(defun quoted-exprs? (args)
  (if (atom args)
      't
      (if (quote? (car args))
          (quoted-exprs? (cdr args))
          'nil)))
```

step-args? は、証明のステップを適用するときに渡す引数をチェックするための関数です。自由変数が引数に含まれていてもかまいませんが、組み込み関数に渡す引数はクォートされたリテラルでなければなりません。

```
(defun step-args? (defs def args)
  (if (dethm? def)
      (if (arity? (dethm.formals def) args)
          (exprs? defs 'any args)
          'nil)
      (if (defun? def)
          (if (arity? (defun.formals def) args)
              (exprs? defs 'any args)
```

```
              'nil)
        (if (rator? def)
            (if (arity? (rator.formals def) args)
                (quoted-exprs? args)
                'nil)
            'nil))))
  (defun step-app? (defs app)
    (step-args? defs
      (lookup (app.name app) defs)
      (app.args app))))
```

steps?は、証明のステップについて、構文が合っているかを確認する関数です。具体的には、各ステップにパスが含まれているかどうか、有効な構文を持つ正しい個数の式に定理名や関数名が適用されているかどうかを確認します。組み込み関数の場合は、引数がクォートされた式かどうかを確認します。

```
(defun step? (defs step)
  (if (path? (elem1 step))
      (if (app? (elem2 step))
          (step-app? defs (elem2 step))
          'nil)
      'nil))

(defun steps? (defs steps)
  (if (atom steps)
      't
      (if (step? defs (car steps))
          (steps? defs (cdr steps))
          'nil)))
```

定理を証明するときの帰納法の型（スキーマ）や、関数の全域性を証明するときの尺度は、証明の種（たね）として与えます。帰納法の型は、induction-scheme?を見ればわかるように、定義済みの関数に相異なる変数の列を渡した関数適用の形でなければなりません。尺度になりうるのは、それまでに定義済みの関数と、いま定義している関数の仮引数だけで与えられる、有効な構文の式です。帰納法の型や全域性の尺度として有効かどうかはseed?で確認します。

```
(defun induction-scheme-for? (def vars e)
  (if (defun? def)
      (if (arity? (defun.formals def) (app.args e))
          (if (formals? (app.args e))
              (subset? (app.args e) vars)
              'nil)
          'nil)
      'nil))

(defun induction-scheme? (defs vars e)
  (if (app? e)
      (induction-scheme-for?
        (lookup (app.name e) defs)
        vars
        e)
```

```
            'nil))
  (defun seed? (defs def seed)
    (if (equal seed 'nil)
        't
        (if (defun? def)
            (expr? defs (defun.formals def) seed)
            (if (dethm? def)
                (induction-scheme? defs
                  (dethm.formals def)
                  seed)
                'nil))))
```

個々の定義はdef?で確認します。def?で確認するのは、defunとdethmの名前が一意になっているか、仮引数のリストは有効なものか、本体の式は有効な構文かどうかです。

```
(defun extend-rec (defs def)
  (if (defun? def)
      (list-extend defs
        (defun-c
          (defun.name def)
          (defun.formals def)
          (app-c (defun.name def)
            (defun.formals def))))
      defs))
(defun def-contents? (known-defs formals body)
  (if (formals? formals)
      (expr? known-defs formals body)
      'nil))
(defun def? (known-defs def)
  (if (dethm? def)
      (if (undefined? (dethm.name def)
            known-defs)
          (def-contents? known-defs
            (dethm.formals def)
            (dethm.body def))
          'nil)
      (if (defun? def)
          (if (undefined? (defun.name def)
                known-defs)
              (def-contents?
                (extend-rec known-defs def)
                (defun.formals def)
                (defun.body def))
              'nil)
          'nil)))
(defun defs? (known-defs defs)
  (if (atom defs)
      't
      (if (def? known-defs (car defs))
          (defs? (list-extend known-defs (car defs))
            (cdr defs))
          'nil)))
```

proofs?は、J-Bobが証明のリストを確認するのに使う関数です。リストに含まれる各証明について、定義、種、証明のステップを、すでに説明した関数の定義を

使って順番に確認していきます。

```
(defun list2-or-more? (pf)
  (if (atom pf)
      'nil
      (if (atom (cdr pf))
          'nil
          't)))
(defun proof? (defs pf)
  (if (list2-or-more? pf)
      (if (def? defs (elem1 pf))
          (if (seed? defs (elem1 pf) (elem2 pf))
              (steps? (extend-rec defs (elem1 pf))
                (cdr (cdr pf)))
              'nil)
          'nil)
      'nil))
(defun proofs? (defs pfs)
  (if (atom pfs)
      't
      (if (proof? defs (car pfs))
          (proofs?
            (list-extend defs (elem1 (car pfs)))
            (cdr pfs))
          'nil)))
```

置き換えには、sub-eと、その補助関数をいくつか使います。これらの関数では、対応する仮引数のリストと、その置き換えに使う実引数のリストを別々に受け取ります。

```
(defun sub-var (vars args var)
  (if (atom vars)
      var
      (if (equal (car vars) var)
          (car args)
          (sub-var (cdr vars) (cdr args) var))))
(defun sub-es (vars args es)
  (if (atom es)
      '()
      (if (var? (car es))
          (cons (sub-var vars args (car es))
            (sub-es vars args (cdr es)))
          (if (quote? (car es))
              (cons (car es)
                (sub-es vars args (cdr es)))
              (if (if? (car es))
                  (cons
                    (QAE-if
                      (sub-es vars args
                        (if-QAE (car es))))
                    (sub-es vars args (cdr es)))
                  (cons
                    (app-c (app.name (car es))
                      (sub-es vars args
                        (app.args (car es))))
                    (sub-es vars args (cdr es)))))))))
(defun sub-e (vars args e)
```

```
      (elem1 (sub-es vars args (list1 e)))))
```

関数expr-recsと関数exprs-recsは、関数の定義本体から再帰的な関数適用をすべて探し出すのに使います。関数の名前と、調べたい式（または式のリスト）を、引数として渡します。

```
    (defun exprs-recs (f es)
      (if (atom es)
          '()
          (if (var? (car es))
              (exprs-recs f (cdr es))
              (if (quote? (car es))
                  (exprs-recs f (cdr es))
                  (if (if? (car es))
                      (list-union
                        (exprs-recs f (if-QAE (car es)))
                        (exprs-recs f (cdr es)))
                      (if (equal (app.name (car es)) f)
                          (list-union
                            (list1 (car es))
                            (list-union
                              (exprs-recs f
                                (app.args (car es)))
                              (exprs-recs f (cdr es))))
                          (list-union
                            (exprs-recs f (app.args (car es)))
                            (exprs-recs f
                              (cdr es)))))))))
    (defun expr-recs (f e)
      (exprs-recs f (list1 e)))
```

関数totality/claimと関数induction/claimは、それぞれ全域性の主張と帰納的な主張を構成するのに使います。これらの関数では、第8章と第9章で説明したステップに従って主張を構成します。さらに、ifのQuestion部に再帰的な関数適用が出てくる場合にも対応できるように拡張してあります。これらの関数の定義では、list-unionで要素の順序が期待どおりになることを利用しています。

```
    (defun totality/< (meas formals app)
      (app-c '<
        (list2 (sub-e formals (app.args app) meas)
          meas)))
    (defun totality/meas (meas formals apps)
      (if (atom apps)
          '()
          (cons
            (totality/< meas formals (car apps))
            (totality/meas meas formals (cdr apps)))))
    (defun totality/if (meas f formals e)
      (if (if? e)
          (conjunction
            (list-extend
              (totality/meas meas formals
                (expr-recs f (if.Q e)))
```

```
            (if-c-when-necessary (if.Q e)
              (totality/if meas f formals
                (if.A e))
              (totality/if meas f formals
                (if.E e)))))
          (conjunction
            (totality/meas meas formals
              (expr-recs f e)))))
(defun totality/claim (meas def)
  (if (equal meas 'nil)
    (if (equal (expr-recs (defun.name def)
                 (defun.body def))
           '())
      (quote-c 't)
      (quote-c 'nil))
    (if-c
      (app-c 'natp (list1 meas))
      (totality/if meas (defun.name def)
        (defun.formals def)
        (defun.body def))
      (quote-c 'nil))))
(defun induction/prems (vars claim apps)
  (if (atom apps)
    '()
    (cons
      (sub-e vars (app.args (car apps)) claim)
      (induction/prems vars claim (cdr apps)))))
(defun induction/if (vars claim f e)
  (if (if? e)
    (implication
      (induction/prems vars claim
        (expr-recs f (if.Q e)))
      (if-c-when-necessary (if.Q e)
        (induction/if vars claim f (if.A e))
        (induction/if vars claim f (if.E e))))
    (implication
      (induction/prems vars claim
        (expr-recs f e))
      claim)))
(defun induction/defun (vars claim def)
  (induction/if vars claim (defun.name def)
    (sub-e (defun.formals def) vars
      (defun.body def))))
(defun induction/claim (defs seed def)
  (if (equal seed 'nil)
    (dethm.body def)
    (induction/defun (app.args seed)
      (dethm.body def)
      (lookup (app.name seed) defs))))
```

　証明のステップにおける、主張や前提のフォーカスは、「パス」で示します。パスは、'Q、'A、'E、もしくは自然数の「方向指示子」からなるリストとして表します。これは、地図の道順を東西南北という指示子を並べて表すようなものです。最終的なフォーカスに到達したところで、証明のステップの2つめの引数である (name arg ...) を見ます。それから、定理の本体に出てくる変数、もしくは、関数の定義

に現れる仮引数を、引数リスト(arg ...)で置き換えることで、「具体的な」帰結が得られます。

具体的な形になった定理を使う前に、follow-premsで前提をチェックする必要があります。このチェックにより、等しいことが証明可能な2つの式を表す具体的な帰結が、等式として得られます。

```
(defun find-focus-at-direction (dir e)
  (if (equal dir 'Q)
      (if.Q e)
      (if (equal dir 'A)
          (if.A e)
          (if (equal dir 'E)
              (if.E e)
              (get-arg dir (app.args e))))))
(defun rewrite-focus-at-direction (dir e1 e2)
  (if (equal dir 'Q)
      (if-c e2 (if.A e1) (if.E e1))
      (if (equal dir 'A)
          (if-c (if.Q e1) e2 (if.E e1))
          (if (equal dir 'E)
              (if-c (if.Q e1) (if.A e1) e2)
              (app-c (app.name e1)
                (set-arg dir (app.args e1) e2))))))
(defun focus-is-at-direction? (dir e)
  (if (equal dir 'Q)
      (if? e)
      (if (equal dir 'A)
          (if? e)
          (if (equal dir 'E)
              (if? e)
              (if (app? e)
                  (<=len dir (app.args e))
                  'nil)))))
(defun focus-is-at-path? (path e)
  (if (atom path)
      't
      (if (focus-is-at-direction? (car path) e)
          (focus-is-at-path? (cdr path)
             (find-focus-at-direction (car path) e))
          'nil)))
(defun find-focus-at-path (path e)
  (if (atom path)
      e
      (find-focus-at-path (cdr path)
        (find-focus-at-direction (car path) e))))
(defun rewrite-focus-at-path (path e1 e2)
  (if (atom path)
      e2
      (rewrite-focus-at-direction (car path) e1
        (rewrite-focus-at-path (cdr path)
          (find-focus-at-direction (car path) e1)
          e2))))
(defun prem-A? (prem path e)
  (if (atom path)
```

```
        'nil
        (if (equal (car path) 'A)
            (if (equal (if.Q e) prem)
                't
                (prem-A? prem (cdr path)
                  (find-focus-at-direction (car path)
                    e)))
              (prem-A? prem (cdr path)
                (find-focus-at-direction (car path)
                  e)))))
  (defun prem-E? (prem path e)
    (if (atom path)
        'nil
        (if (equal (car path) 'E)
            (if (equal (if.Q e) prem)
                't
                (prem-E? prem (cdr path)
                  (find-focus-at-direction (car path)
                    e)))
              (prem-E? prem (cdr path)
                (find-focus-at-direction (car path)
                  e)))))
  (defun follow-prems (path e thm)
    (if (if? thm)
        (if (prem-A? (if.Q thm) path e)
            (follow-prems path e (if.A thm))
            (if (prem-E? (if.Q thm) path e)
                (follow-prems path e (if.E thm))
                thm))
        thm))
```

apply-opは、組み込み関数を値のリストに適用し、値を返す関数です。

```
  (defun unary-op (rator rand)
    (if (equal rator 'atom)
        (atom rand)
        (if (equal rator 'car)
            (car rand)
            (if (equal rator 'cdr)
                (cdr rand)
                (if (equal rator 'natp)
                    (natp rand)
                    (if (equal rator 'size)
                        (size rand)
                        'nil))))))
  (defun binary-op (rator rand1 rand2)
    (if (equal rator 'equal)
        (equal rand1 rand2)
        (if (equal rator 'cons)
            (cons rand1 rand2)
            (if (equal rator '+)
                (+ rand1 rand2)
                (if (equal rator '<)
                    (< rand1 rand2)
                    'nil)))))
  (defun apply-op (rator rands)
    (if (member? rator '(atom car cdr natp size))
        (unary-op rator (elem1 rands))
```

```
        (if (member? rator '(equal cons + <))
            (binary-op rator
              (elem1 rands)
              (elem2 rands))
            'nil)))
```

証明のステップにおける関数適用で組み込み関数が参照されている場合には、その組み込み関数を適用した結果の値を表す式を関数 eval-op によって生成します。rands は、その組み込み関数のクォートされた引数の値を取り出す関数です。

```
    (defun rands (args)
      (if (atom args)
          '()
          (cons (quote.value (car args))
                (rands (cdr args)))))
    (defun eval-op (app)
      (quote-c
        (apply-op (app.name app)
                  (rands (app.args app)))))
```

主張の中にあるフォーカスは、証明のステップにより、そのフォーカスと等しいことが証明可能な別の形へと書き換えられます。equality/def の定義からも明らかなように、証明のステップには3つの種類があります。組み込み関数（equal、atom、car、cdr、cons、natp、size、+、<）をクォートされた値に適用して、クォートされた値を導出するステップと、関数の定義を使うステップと、定義済みの任意の定理による（場合によっては条件付きの）等価な書き換えを行うステップです。いずれのステップについても、J-Bob は、互いに書き換え可能な2つの式を生成します。

J-Bob が生成する2つの式は目的のフォーカスとともに equality という関数に渡されます。この処理では、いずれかの式が目的のフォーカスと等しいかどうかを確認します。

いずれかの式が目的のフォーカスと等しい場合には、equality は、もう一方の式を新しいフォーカスとして返すことにより、書き換えを行います。いずれの式も目的のフォーカスと等しくない場合には、証明のステップは失敗したということなので、equality は目的のフォーカスをそのまま返します。新しくなったにせよ、以前のままであるにせよ、あとはそのフォーカスの文脈を復元するだけです。equality/path では、rewrite-focus-at-path が再帰的に方向指示子を1つずつ遡ってもとの文脈を再構築し、フォーカスが新しくなった主張か、以前と同じ主張のどちらかを組み立てます。

```
(defun app-of-equal? (e)
  (if (app? e)
      (equal (app.name e) 'equal)
      'nil))
(defun equality (focus a b)
  (if (equal focus a)
      b
      (if (equal focus b)
          a
          focus)))
(defun equality/equation (focus concl-inst)
  (if (app-of-equal? concl-inst)
      (equality focus
        (elem1 (app.args concl-inst))
        (elem2 (app.args concl-inst)))
      focus))
(defun equality/path (e path thm)
  (if (focus-is-at-path? path e)
      (rewrite-focus-at-path path e
        (equality/equation
          (find-focus-at-path path e)
          (follow-prems path e thm)))
      e))
(defun equality/def (claim path app def)
  (if (rator? def)
      (equality/path claim path
        (app-c 'equal (list2 app (eval-op app))))
      (if (defun? def)
          (equality/path claim path
            (sub-e (defun.formals def)
              (app.args app)
              (app-c 'equal
                (list2
                  (app-c (defun.name def)
                    (defun.formals def))
                  (defun.body def)))))
          (if (dethm? def)
              (equality/path claim path
                (sub-e (dethm.formals def)
                  (app.args app)
                  (dethm.body def)))
              claim))))
```

rewrite/steps は、提示された証明のステップのリストに含まれる各ステップに従って主張を書き換える関数です。証明のステップがそれ以上なくなるか、証明のステップが失敗した場合には、停止します。証明のステップは、それにより主張を書き換えても同じ主張にしかならない場合には失敗したとみなされます。関数 rewrite/continue には、rewrite/steps に渡した証明のステップのリストの先頭のものを施して得られた「新しい」主張と、「古い」主張とを渡します。

```
(defun rewrite/step (defs claim step)
  (equality/def claim (elem1 step) (elem2 step)
    (lookup (app.name (elem2 step)) defs)))
```

```
(defun rewrite/continue (defs steps old new)
  (if (equal new old)
      new
      (if (atom steps)
          new
          (rewrite/continue defs (cdr steps) new
            (rewrite/step defs new (car steps))))))

(defun rewrite/steps (defs claim steps)
  (if (atom steps)
      claim
      (rewrite/continue defs (cdr steps) claim
        (rewrite/step defs claim (car steps)))))

(defun rewrite/prove (defs def seed steps)
  (if (defun? def)
      (rewrite/steps defs
        (totality/claim seed def)
        steps)
      (if (dethm? def)
          (rewrite/steps defs
            (induction/claim defs seed def)
            steps)
          (quote-c 'nil))))

(defun rewrite/prove+1 (defs pf e)
  (if (equal e (quote-c 't))
      (rewrite/prove defs (elem1 pf) (elem2 pf)
        (cdr (cdr pf)))
      e))

(defun rewrite/prove+ (defs pfs)
  (if (atom pfs)
      (quote-c 't)
      (rewrite/prove+1 defs (car pfs)
        (rewrite/prove+
          (list-extend defs (elem1 (car pfs)))
          (cdr pfs)))))

(defun rewrite/define (defs def seed steps)
  (if (equal (rewrite/prove defs def seed steps)
             (quote-c 't))
      (list-extend defs def)
      defs))

(defun rewrite/define+1 (defs1 defs2 pfs)
  (if (equal defs1 defs2)
      defs1
      (if (atom pfs)
          defs2
          (rewrite/define+1 defs2
            (rewrite/define defs2
              (elem1 (car pfs))
              (elem2 (car pfs))
              (cdr (cdr (car pfs))))
            (cdr pfs)))))

(defun rewrite/define+ (defs pfs)
  (if (atom pfs)
      defs
      (rewrite/define+1 defs
        (rewrite/define defs
          (elem1 (car pfs))
          (elem2 (car pfs))
```

```
                (cdr (cdr (car pfs))))
            (cdr pfs))))
```

　J-Bobには、対話的なフロントエンドとしてJ-Bob/proveが備わっています。J-Bob/proveは、定理や関数の定義からなるリストと、**証明案件**からなるリストを渡します。証明案件を構成するのは、証明の対象となるdefunやdethmと、尺度となる式や帰納法の型といった**種**（たね）、それから、0個以上の**証明のステップ**です。対象の定理が真であるか、あるいは、対象の関数が全域かどうかは、式の一部の書き換えを繰り返すことによって証明します。その毎回の書き換えが正当であることを示すのが証明のステップです。

　J-Bob/proveには証明案件をいくつか指定できますが、処理される順番は指定とは逆順になります。つまり、最後に指定されたものを最初に試します。ちょうど、第10章でalignの全域性についての主張を最初に証明してからnatp/wtとpositive/wtの証明に戻ったのと同じです。どこかの時点で証明に失敗したら、rewrite/prove+が停止し、最後に正しかった書き換え結果を返します。最後まで失敗せずに証明できたら、''tというクォートされた式を返します。

　対応する証明案件の証明が成功したときに、既存の定義の集合に定義のリストを付け加えるには、関数J-Bob/defineの定義を使います。最終的に証明案件がすべてなくなったら、J-Bob/stepが書き換えを順番に実行します。この処理は、「放課後」の26コマめ (158ページ) で見たような、''tまでたどり着かないような書き換えを実行したいときにも使えます。

```
(defun J-Bob/step (defs e steps)
  (if (defs? '() defs)
      (if (expr? defs 'any e)
          (if (steps? defs steps)
              (rewrite/steps defs e steps)
              e)
          e)))
(defun J-Bob/prove (defs pfs)
  (if (defs? '() defs)
      (if (proofs? defs pfs)
          (rewrite/prove+ defs pfs)
          (quote-c 'nil))
      (quote-c 'nil)))
(defun J-Bob/define (defs pfs)
  (if (defs? '() defs)
      (if (proofs? defs pfs)
          (rewrite/define+ defs pfs)
          defs)
      defs))
```

　axiomsという関数により、各章で使った公理のリストを生成できます。prelude

という関数では、リスト型帰納法とスター型帰納法で使う`list-induction`および`star-induction`の全域性についての主張の定義と証明を使って、そのリストを展開します。

```
(defun axioms ()
  '((dethm atom/cons (x y)
      (equal (atom (cons x y)) 'nil))
    (dethm car/cons (x y)
      (equal (car (cons x y)) x))
    (dethm cdr/cons (x y)
      (equal (cdr (cons x y)) y))
    (dethm equal-same (x)
      (equal (equal x x) 't))
    (dethm equal-swap (x y)
      (equal (equal x y) (equal y x)))
    (dethm if-same (x y)
      (equal (if x y y) y))
    (dethm if-true (x y)
      (equal (if 't x y) x))
    (dethm if-false (x y)
      (equal (if 'nil x y) y))
    (dethm if-nest-E (x y z)
      (if x 't (equal (if x y z) z)))
    (dethm if-nest-A (x y z)
      (if x (equal (if x y z) y) 't))
    (dethm cons/car+cdr (x)
      (if (atom x)
          't
          (equal (cons (car x) (cdr x)) x)))
    (dethm equal-if (x y)
      (if (equal x y) (equal x y) 't))
    (dethm natp/size (x)
      (equal (natp (size x)) 't))
    (dethm size/car (x)
      (if (atom x)
          't
          (equal (< (size (car x)) (size x)) 't)))
    (dethm size/cdr (x)
      (if (atom x)
          't
          (equal (< (size (cdr x)) (size x)) 't)))
    (dethm associate-+ (a b c)
      (equal (+ (+ a b) c) (+ a (+ b c))))
    (dethm commute-+ (x y)
      (equal (+ x y) (+ y x)))
    (dethm natp/+ (x y)
      (if (natp x)
          (if (natp y)
              (equal (natp (+ x y)) 't)
              't)
          't))
    (dethm positives-+ (x y)
      (if (< '0 x)
          (if (< '0 y)
              (equal (< '0 (+ x y)) 't)
              't)
          't))
    (dethm common-addends-< (x y z)
      (equal (< (+ x z) (+ y z)) (< x y)))
    (dethm identity-+ (x)
      (if (natp x) (equal (+ '0 x) x) 't))
```

```
(defun prelude ()
  (J-Bob/define (axioms)
    '(((defun list-induction (x)
         (if (atom x)
             '()
             (cons (car x)
               (list-induction (cdr x)))))
       (size x)
       ((A E) (size/cdr x))
       ((A) (if-same (atom x) 't))
       ((Q) (natp/size x))
       (() (if-true 't 'nil)))
      ((defun star-induction (x)
         (if (atom x)
             x
             (cons (star-induction (car x))
               (star-induction (cdr x)))))
       (size x)
       ((A E A) (size/cdr x))
       ((A E Q) (size/car x))
       ((A E) (if-true 't 'nil))
       ((A) (if-same (atom x) 't))
       ((Q) (natp/size x))
       (() (if-true 't 'nil))))))
```

D
休んでなんていられない？

本書を楽しく読んで証明支援系J-Bobを楽しんでもらえたでしょうか？ 証明と論理のことをもっと知りたいなら、いくつか選択肢があります。

J-Bobの名前は、J MooreとBob Boyerにちなんでいます。この二人は、Nqthmと呼ばれる初期の機械的な定理証明器を書きました。J MooreとMatt Kaufmannによって書き直された現代版のNqthmは、ACL2と呼ばれています。ACL2は、J-Bobと同じように定理を自由に扱えるだけでなく、それ以外の「面倒な仕事」の多くも肩代わりしてくれます。そのおかげで、より複雑な定理の証明が楽にできます。実際、本書に登場した全域性の主張や定理をACL2で証明するには、関係するdefunとdethmをACL2に与えるだけです。それ以外の余計な作業はACL2が全部引き受けてくれます。

ACL2は https://www.cs.utexas.edu/~moore/acl2/ で入手できます。ACL2を利用するための簡素なユーザインタフェースとして、「Dracula」というものが用意されています（https://dracula-lang.github.io/）。Draculaにより、構文のチェック、自動テスト、図やアニメーションを利用するプログラムについての証明が可能になります。さらに高度なACL2の機能については、「ACL2 Sedan」を試してみてください（http://acl2s.ccs.neu.edu/acl2s/doc/）。ACL2 Sedanにより、全域性についての証明のさらなる自動化が可能になります。ACL2 Sedanは、ACL2の多彩な機能に完全に対応しています。

J-BobとACL2だけが機械的な定理証明器というわけではありません。式の言語としてさまざまなものに対応した定理証明器が数多くあります。たとえば、Agda（https://wiki.portal.chalmers.se/agda/）、Coq[1]（https://coq.inria.fr/）、Isabelle/HOL（https://www.cl.cam.ac.uk/research/hvg/Isabelle/）、PVS（https://pvs.csl.sri.com/）、Twelf（https://twelf.org/）などがあります。

証明と論理という分野には、お勧めの参考文献がいくつかあります。論理における再帰の利用について現代的な基礎を築いたのは、Thoralf Albert Skolemです。Skolemは1919年の論文（発表は1923年）で、思考の再帰的なモードを利用することによりWhiteheadとRussellの"Principia Mathematica"における「some」の問題を回避できることを導きました。この論文の発想は、Boyer-Moore定理証明器の開発で重要な役割を果たしました。他の書籍で特に読みがいがあるのは、下記に挙げたような論理と数学に関するものでしょう。入手しやすくて簡単に読める本ばかりではありませんが、ここに挙げられている書籍のほとんどは時代を越えて価値が認められるものです。

---

[1] ［訳注］後継はRocq Proverです。https://rocq-prover.org/（2刷にて追補）

- R. S. Boyer and J S. Moore. *A Computational Logic*. Academic Press, Inc., New York, 1979.
- A. Chlipala. *Certified Programming with Dependent Types*. MIT Press, 2013.
- J. N. Crossley, C. J. Ash, C. J. Brickhill, J. C. Stillwell, and N. H. Williams. *What is Mathematical Logic?* Oxford University Press, 1972.
- M. Kaufmann, P. Manolios, and J S. Moore. *Computer Aided Reasoning: An Approach*. Kluwer Academic Publishers, 2000.
- D. MacKenzie. *Mechanizing Proof: Computing, Risk, and Trust*. MIT Press, 2004.
- J. McCarthy. *A Basis for a Mathematical Theory of Computation*. In P. Braffort and D. Hershberg (Eds.), Computer Programming and Formal Systems. North-Holland Publishing Company, Amsterdam, The Netherlands, 1963.
- E. Mendelson. *Introduction to Mathematical Logic*. D. Van Nostrand Company, Inc., Princeton, New Jersey, 1964.
- R. Péter. *Recursive Functions Third Revised Edition*. Academic Press, New York, 1967.
- Pierce, B. C., et al. *Software Foundations*. https://softwarefoundations.cis.upenn.edu/ (2025).
- T. A. Skolem. *The foundations of elementary arithmetic established by means of the recursive mode of thought, without the use of apparent variables ranging over infinite domains*, in From Frege to Gödel: A Source Book in Mathematical Logic, 1879– 1931 (Jean van Heijenoort, ed.), pages 302 – 333. Harvard Univ. Press, 1967. Paper written in 1919 and appeared in published form in 1923.
- P. Suppes. *Introduction to Logic*. D. Van Nostrand Company, Inc., Princeton, New Jersey, 1957.
- M. Wand. *Induction, Recursion, and Programming*. Elsevier North Holland, Inc., 1980.
- A. N. Whitehead and B. Russell. *Principia Mathematica*. Cambridge: Cambridge University Press, in 3 vols, 1910, 1912, 1913. Second edition, 1925 (Vol. 1), 1927 (Vols 2, 3). Abridged as Principia Mathematica to *56 , Cambridge University Press, 1962.

あとがき

　1984年、私はDan Friedmanのもとで博士号を取得するためにインディアナに赴いた。さまざまな業績はあれど、Dan Friedmanといえば"The Little LISPer"だ。誰もがこの本を使って再帰を教えていた。当時、再帰はとても厄介な概念に思われていたが、Danの本のおかげでみんなが再帰を理解した。

　それから1年が過ぎ、Danは私に"The Little LISPer"の改訂を手伝うように言いつけた。1974年の初版からだいぶ時間が経っていたので、私はいくつか改善を提案し、彼もそれを気に入ってくれた。すべてが完成するまでには9ヶ月という長い時間がかかった。それは大学院2年めの私にとって、本当にわくわくするような経験だった。どうやって調査研究の本質を掴み、どうやってその説明を新入生にわかるように考え抜くのか。それがDanと一緒に仕事をして学んだことだ。

　それから時代は進んで2008年春、私は新入生向けのまったく新しい授業を提案することになった。その授業では、プログラミングにおける論理学と定理証明の役割を説明するつもりだった。私の指導する博士課程の学生にDale VaillancourtとCarl Eastlundがいたので、彼ら二人にも手伝ってもらうことにした。私たちが目指していたのは、まずsubやadd-atomsといった関数に加えて小規模なビデオゲームをプログラムし、それからそのプログラムについて定理証明を実施するという授業だった。定理証明支援系としてはACL2を採用した。すぐに判明したのは、ACL2は専門家にとっては画期的なシステムだが、新入生には複雑なシステムを対話的に扱う簡単な手段が必要ということだった。

　学生がプログラムの開発と証明を一緒にできるような対話的開発環境を構築する仕事は、Carlが引き受けてくれた。教え方にも改善の余地があった。いろいろ考えた末に気がついたのは、調査し、ひねりをきかせて、それを洗練させる、Danのような方法が必要ということだった。そこでDanに相談したところ、彼が提案してくれたのが、"The Little LISPer"の手法だった。とはいえ、"The Little LISPer"はDanの十八番だ。一方、この地球上で誰よりもACL2について深く理解しているのはCarlである。この「祖父」と「孫」のような二人が、共著者になるしかないのではないだろうか？

　そのコラボレーションとして生まれたのが"The Little Prover"である。シリーズの他の本と同様に、本書でもこの分野の内容が換骨奪胎されている。本書で解説されているのは、証明において構造的帰納法を利用する機械的な手法（現在論理学がプログラミングに利用されているすべての事例において決定的に重要）と、そ

のような証明を確認できる証明支援系のJ-Bobだ。本書で勉強し、手を動かせば、この分野を深く理解できるだろう。しかも、本書を読むのに必要なのは"The Little LISPer"を理解していることだけだ。私からすれば振り出しに戻ったというわけである。私にとっては楽しい旅だった。読者のみなさんにも楽しんでもらえたことを願っている。

Matthias Felleisen
Boston, Massachusetts

索引

記号・数字

' .... xiii, 3(注), 154
() .... xiii, 4
+ xiii
+ と < についての公理 139, 223
．（ドット）.. 131
< xiii
<=len 194
<=len-from 193

A

ACL2 187
add-atoms 104
align 133, 138
align/align 146
Answer 部 .... xiii, 16
app-arity? 192
app-c 189
app-of-equal? 203
app.args 190
app.name 190
app? 189
apply-op 202
args-arity? 192
arity? 194
associate-+ 139, 206, 223
atom xiii
atom/cons 7, 25, 222
atoms 104
axioms 206

B

binary-op 201
bound? 192

C

car xiii
car/cons 7, 11, 25, 206, 222
cdr xiii
cdr/cons 7, 25, 206, 222
common-addends-< 139, 223
commute-+ 139, 206, 223
conjunction 191
cons xiii
cons/car+cdr 25, 206, 222

Cons の公理 7, 25, 222
contradiction 47
ctx? 87
ctx?/sub 88
ctx?/t 92

D

def-contents? 196
def.formals 191
def.name 191
def? 196
defs? 196
defun xiii
defun-c 190
defun.body 190
defun.formals 190
defun.name 190
defun? 190
Defun 帰納法 118
Defun の法則 34, 47
dethm xiii
dethm-c 190
dethm.body 190
dethm.formals 190
dethm.name 190
dethm? 190
Dethm の法則 11, 18
direction? 194

E

elem1 189
elem2 189
elem3 189
Else 部 16
equal xiii
equal-if 18, 206, 222
equal-same 9, 18, 206, 222
equal-swap 9, 18, 206, 222
equality 203
equality/def 203
equality/equation 203
equality/path 203
Equal の公理 9, 18, 222
eval-op 202
expr-recs 198

expr?	192
exprs-recs	198
exprs?	192
extend-rec	196

F

find-focus-at-direction	200
find-focus-at-path	200
first-of	33
first-of-pair	33
first-of	33
first-of-pair	33
focus-is-at-direction?	200
focus-is-at-path?	200
follow-prems	201
formals?	194

G

get-arg	193
get-arg-from	193

I

identity-+	139, 207, 223
if->implies	187
if-c	189
if-c-when-necessary	191
if-false	15, 26, 206, 222
if-nest-A	26, 206, 222
if-nest-E	26, 206, 222
if-QAE	190
if-same	15, 26, 206, 222
if-true	15, 26, 206, 222
if.A	189
if.E	189
if.Q	189
if?	189
if式	xiii
Ifの公理	15, 26, 222
Ifの持ち上げ	67
Ifを外側へ	221
Ifをまとめよ	221
implication	191
in-first-of-pair	36
in-first-of-pair	36
in-pair?	36

in-second-of-pair	38
induction-scheme-for?	195
induction-scheme?	195
induction/claim	199
induction/defun	199
induction/if	199
induction/prems	199

J

J-Bob	xiv
<=len-from	193
<=len	194
app-arity?	192
app-c	189
app-of-equal?	203
app.args	190
app.name	190
app?	189
apply-op	202
args-arity?	192
arity?	194
associate-+	206
axioms	206
binary-op	201
bound?	192
car/cons	206
cdr/cons	206
commute-+	206
conjunction	191
cons/car+cdr	206
def-contents?	196
def.formals	191
def.name	191
def?	196
defs?	196
defun-c	190
defun.body	190
defun.formals	190
defun.name	190
defun?	190
dethm-c	190
dethm.body	190
dethm.formals	190
dethm.name	190
dethm?	190

[J-Bob つづき]

direction?	194
elem1	189
elem2	189
elem3	189
equal-if	206
equal-same	206
equal-swap	206
equality	203
equality/def	203
equality/equation	203
equality/path	203
eval-op	202
expr-recs	198
expr?	192
exprs-recs	198
exprs?	192
extend-rec	196
find-focus-at-direction	200
find-focus-at-path	200
focus-is-at-direction?	200
focus-is-at-path?	200
follow-prems	201
formals?	194
get-arg	193
get-arg-from	193
identity-+	206
if->implies	187
if-c	189
if-c-when-necessary	191
if-false	206
if-nest-A	206
if-nest-E	206
if-QAE	190
if-same	206
if-true	206
if.A	189
if.E	189
if.Q	189
if?	189
implication	191
induction-scheme-for?	195
induction-scheme?	195
induction/claim	199
induction/defun	199

[J-Bob つづき]

induction/if	199
induction/prems	199
J-Bob/define	205
J-Bob/prove	205
J-Bob/step	205
list-extend	193
list-union	193
list0	189
list0?	189
list1	189
list1?	189
list2	189
list2-or-more?	197
list2?	189
list3	189
list3?	189
lookup	191
member?	189
natp/+	206
natp/size	206
path?	194
positives-+	206
prelude	207
prem-A?	200
prem-E?	201
proof?	197
proofs?	197
QAE-if	190
quote-c	189
quote.value	189
quote?	189
quoted-exprs?	194
rands	202
rator.formals	190
rator?	190
rewrite-focus-at-direction	200
rewrite-focus-at-path	200
rewrite/continue	204
rewrite/define	204
rewrite/define+	204
rewrite/define+1	204
rewrite/prove	204
rewrite/prove+	204
rewrite/prove+1	204

[J-Bob つづき]
- rewrite/step 204
- rewrite/steps 204
- s.+ 188
- s.car 188
- s.cdr 188
- seed? 196
- set-arg 193
- set-arg-from 193
- size 187, 188
- size/car 206
- size/cdr 206
- step-app? 195
- step-args? 194
- step? 195
- steps? 195
- sub-e 198
- sub-es 197
- sub-var 197
- subset? 193
- tag 189
- tag? 189
- totality/claim 199
- totality/if 199
- totality/meas 198
- unary-op 201
- undefined? 191
- untag 189
- var? 190

J-Bob/define 205
J-Bob/prove 205
J-Bob/step 205
jabberwocky 20

L

list-extend 193
list-induction 119
list-length xiii
list-union 193
list? 50, 52
list0 189
list0? 43, 189
list1 189
list1? 44, 189
list2 189

list2-or-more? 197
list2? 46, 189
list3 189
list3? 189
lookup 191

M

memb? 59
memb?/remb 78
memb?/remb0 61
memb?/remb1 63
memb?/remb2 70
memb?/remb3 73
member? 103, 189

N

natp xiii
natp/+ 139, 206, 223
natp/list-length xiv
natp/size 53, 206, 222
natp/wt 138

P

pair 33
partial 47
path? 194
positive/wt 141
positives-+ 139, 206, 223
prelude 207
prem-A? 201
prem-E? 201
proof? 197
proofs? 197

Q

QAE-if 190
Question部 ..... xiii, 16
quote-c 189
quote.value 189
quote? 189
quoted-exprs? 194

R

rands 202
rator.formals 190

rator? 190
remb 59, 60
rewrite-focus-at-direction 200
rewrite-focus-at-path 201
rewrite/continue 204
rewrite/define 204
rewrite/define+ 204
rewrite/define+1 204
rewrite/prove 204
rewrite/prove+ 204
rewrite/prove+1 204
rewrite/step 204
rewrite/steps 204
rotate 132
rotate/cons 132

S

s.+ 188
s.car 188
s.cdr 188
second-of 33
second-of-pair 35
seed? 196
set-arg 193
set-arg-from 193
set? 103
set?/add-atoms 112, 114
set?/atoms 111, 127
set?/nil 125
set?/t 122
size .... xiii, 187, 188
size/car 53, 206, 222
size/cdr 53, 206, 222
Sizeの公理 53, 222
star-induction 119
step-app? 195
step-args? 194
step? 195
steps? 195
sub 55, 88
sub-e 198
sub-es 197
sub-var 197
subset? 193

T

tag 189
tag? 189
totality/claim 199
totality/if 199
totality/meas 198

U

unary-op 201
undefined? 191
untag 189

V

var? 190

W

wt 137

ア

青い字 .... 5(注)
値 3
アトム 4

イ

一歩ずつ考えていって帰納法にたどり着こう 221
いつも心に定理を 221

ウ

内側から外側へと書き換えるべし 221

オ

オレンジの字 19

カ

書き換えステップ（式の） 154
含意 117
関数 xiii
    add-atoms 104
    align 133, 138
    atoms 104
    ctx? 87
    first-of 33
    in-pair? 36
    list-induction 119
    list-length xiii

［関数つづき］
- list?..50, 52
- list0?...43
- list1?...44
- list2?...46
- memb?..59
- member?...103
- pair..33
- partial..47
- remb..59, 60
- rotate...132
- second-of..33
- set?..103
- star-induction.....................................119
- sub...55, 88
- wt..137
- 関数適用..xiii

キ
- 帰結..18, 19
- 帰納法..77
- 帰納法のための前提........................79, 116
- 帰納法のための前提には手をつけるな....221
- 帰納法の補助定理を作るべし..................221
- 記法..xii

ク
- クォート...........................xiii, 3 (注), 154
- 組み込み関数..xiii
- 繰り返しを避けるために補助定理を用意しよう.221
- 黒い字..5 (注)

コ
- 公理..7
  - associate-+...............................139, 223
  - atom/cons..............................7, 25, 222
  - car/cons.................................7, 25, 222
  - cdr/cons.................................7, 25, 222
  - commute-+..................................139, 223
  - cons/car+cdr....................................25, 222
  - equal-if...18, 222
  - equal-same................................9, 18, 222
  - equal-swap................................9, 18, 222
  - identity-+................................139, 223
  - if-false.................................15, 26, 222

［公理つづき］
- if-nest-A.....................................26, 222
- if-nest-E.....................................26, 222
- if-same.................................15, 26, 222
- if-true..................................15, 26, 222
- natp/+..139, 223
- natp/size......................................53, 222
- positives-+................................139, 223
- size/car..53, 222
- size/cdr..53, 222
- コンス...4, 131

シ
- 式...xi, 154
- 自然数..xiii
- 自然な再帰..77
- 尺度...52
- 主張..33
- 循環リスト..51 (注)
- 順序数...120 (注)
- 証明..34
- 証明案件...159, 205
- 証明する...34
- 証明のステップ.......................................205
- 真..xi
- シンボル...xiii

ス
- スター型帰納法による証明.......................89

セ
- 全域..43, 188
  - なぜ重要か...50
- 全域性についての主張の作り方...............108
- 前提..20

タ
- 種..159, 205
- 食べ物...xiv

テ
- 定義..154
- 定理...xiii, 8
  - align/align..146
  - car/cons...11

[定理つづき]

contradiction 47
ctx?/sub 88
ctx?/t 92
first-of-pair 33
in-first-of-pair 36
in-second-of-pair 38
memb?/remb 78
memb?/remb0 61
memb?/remb1 63
memb?/remb2 70
memb?/remb3 73
natp/list-length xiv
natp/wt 138
positive/wt 141
rotate/cons 132
second-of-pair 35
set?/add-atoms 112, 114
set?/atoms 111, 127
set?/nil 125
set?/t 122

ト

洞察

Ifを外側へ 67
Ifをまとめよ 90
一歩ずつ考えていって帰納法にたどり着こう .84
いつも心に定理を 68
内側から外側へと書き換えるべし 63
帰納法のための前提には手をつけるな 82
帰納法の補助定理を作るべし 93
繰り返しを避けるために補助定理を用意しよう
.... 135
無関係な式は飛ばそう 39

ハ

パス 154

ヒ

等しい 3
　反対方向にも 9
評価 xi

フ

フォーカス 5

フォントが小さい .... 3 (注)
部分関数 47
文脈 5

ヘ

変数名 xiii

ム

無関係な式は飛ばそう 221
無限リスト .... 51 (注)
矛盾 49
　全域関数 50

リ

リスト .... xiii, 50
リスト型帰納法による証明 85
リテラル xiii

レ

連言 107

洞察

無関係な式は飛ばそう
主張を 't へと書き換える順番に特別な決まりはありません。式には、まったく気にしなくていい部分があるかもしれません。たとえば、Question 部が何であれ if-same の公理によって単純化できるような if 式は、たくさんあります。

内側から外側へと書き換えるべし
式は「内側」から外側へと書き換えること。まず、内側にある if の Answer 部、Else 部、関数の引数から着手します。関数適用の引数をなるべく単純な形にし、それから Defun の法則を使って、その関数の定義の本体を使って関数適用を置き換えます。if の Question 部は、前提を要する定理を使うときに必要に応じて書き換えましょう。内側の式が単純な形にできなくなったら、外側の式に移ります。

If を外側へ
if が、関数適用の引数や、別の if の Question 部にあるときは、「If の持ち上げ」を使います。if を持ち上げて、関数適用と Question 部の外に追い出しましょう。

いつも心に定理を
すでにある定理は覚えておきましょう。公理は特に覚えておきましょう。証明中の主張に、何らかの定理によって書き換え可能な式が含まれていたら、その定理を使ってみましょう。証明中の主張に、何らかの定理によって書き換え可能な式の一部分が含まれていたら、その部分は残しておいて、その定理が使えるように主張を書き換えてみましょう。

帰納法のための前提には手をつけるな
帰納法のための前提が出てきても、いきなり単純な形にしようとはしないこと。その代わり、帰納法のための前提を適用できるようになるまで、前後の式を書き換えていきましょう。帰納法のための前提を適用すると、帰納的な証明はほとんど終わりになることが多いのです。

一歩ずつ考えていって帰納法にたどり着こう
リストに対し、帰納法による証明をするときは、まず空リストに対して定理を証明し、次に 1 要素のリストに対して定理を証明し、それから 2 要素のリストに対して定理を証明し、……という具合に考えていきましょう。それらの証明に何かしらのパターンが見つかったら、帰納法による証明も同じようにして見つかるはずです。

If をまとめよ
同じ Question 部の if がたくさんあったなら、「If の持ち上げ」を使って 1 つの if にまとめましょう。そのような if は、関数適用や Question 部の外側へと持ち上げましょう。

帰納法の補助定理を作るべし
帰納法の対象である再帰関数が適用されている部分を書き換えるために、その関数についての補助定理を用意して証明しておきましょう。この方法がうまくいくのは、次のいずれかの場合です。

- 補助定理の証明に帰納法がいらない場合
- 帰納法が必要であったとしても、違う種類の再帰に対するものである場合
- 帰納法が必要であったとしても、違う引数に対するものである場合

繰り返しを避けるために補助定理を用意しよう
証明で同じようなステップを何度も繰り返す場合は、それらのステップと同じ書き換えをしてくれる定理を、Dethm の法則を使って書き下しましょう。その定理を使って、証明のステップを短くしましょう。

公理

Equalの公理（最終バージョン）

```
(dethm equal-same (x)
  (equal (equal x x) 't))
```

```
(dethm equal-swap (x y)
  (equal (equal x y) (equal y x)))
```

```
(dethm equal-if (x y)
  (if (equal x y) (equal x y) 't))
```

Consの公理（最終バージョン）

```
(dethm atom/cons (x y)
  (equal (atom (cons x y)) 'nil))
```

```
(dethm car/cons (x y)
  (equal (car (cons x y)) x))
```

```
(dethm cdr/cons (x y)
  (equal (cdr (cons x y)) y))
```

```
(dethm cons/car+cdr (x)
  (if (atom x) 't (equal (cons (car x) (cdr x)) x)))
```

Ifの公理（最終バージョン）

```
(dethm if-true (x y)
  (equal (if 't x y) x))
```

```
(dethm if-false (x y)
  (equal (if 'nil x y) y))
```

```
(dethm if-same (x y)
  (equal (if x y y) y))
```

```
(dethm if-nest-A (x y z)
  (if x (equal (if x y z) y) 't))
```

```
(dethm if-nest-E (x y z)
  (if x 't (equal (if x y z) z)))
```

Sizeの公理

```
(dethm natp/size (x)
  (equal (natp (size x)) 't))
```

```
(dethm size/car (x)
  (if (atom x) 't
    (equal (< (size (car x)) (size x)) 't)))
```

```
(dethm size/cdr (x)
  (if (atom x) 't
    (equal (< (size (cdr x)) (size x)) 't)))
```

＋ と ＜ についての公理

```
(dethm identity-+ (x)
  (if (natp x) (equal (+ '0 x) x) 't))
```

```
(dethm commute-+ (x y)
  (equal (+ x y) (+ y x)))
```

```
(dethm associate-+ (x y z)
  (equal (+ (+ x y) z) (+ x (+ y z))))
```

```
(dethm positives-+ (x y)
  (if (< '0 x)
      (if (< '0 y)
          (equal (< '0 (+ x y)) 't) 't) 't))
```

```
(dethm natp/+ (x y)
  (if (natp x)
      (if (natp y)
          (equal (natp (+ x y)) 't) 't) 't))
```

```
(dethm common-addends-< (x y z)
  (equal (< (+ x z) (+ y z)) (< x y)))
```

■ 著者紹介

Daniel P.Friedman

インディアナ大学計算機科学科教授。著書に"The Little Schemer (fourth edition)"（邦題『Scheme手習い』）、"The Reasoned Schemer"、"The Seasoned Schemer"（邦題『Scheme修行』）、"Essentials of Programming Languages (third edition)"（以上、The MIT Press）。

Carl Eastlund

ソフトウェアエンジニア。Jane Street Capital（ニューヨーク）勤務。

■ 監訳者紹介

中野圭介

東京大学理学部数学科中退。京都大学大学院理学研究科数学・数理解析専攻数理解析系博士後期課程単位取得退学。東京大学大学院情報理工学系研究科産学官連携研究員などを勤め、電気通信大学大学院情報理工学研究科准教授を経て、現在、東北大学電気通信研究所教授。証明支援系、関数型プログラミング、形式言語理論、双方向変換に関する研究に従事しつつ「ジグソーパズルによる関数型プログラミング」や「余帰納的にジャグリングをしよう（訳題）」など風変わりな論文も執筆。博士（理学）。

技術書出版社の立ち上げに際して

コンピュータとネットワーク技術の普及は情報の流通を変え、出版社の役割にも再定義が求められています。誰もが技術情報を執筆して公開できる時代、自らが技術の当事者として技術書出版を問い直したいとの思いから、株式会社時雨堂をはじめとする数多くの技術者の方々の支援をうけてラムダノート株式会社を立ち上げました。当社の一冊一冊が、技術者の糧となれば幸いです。

鹿野桂一郎

定理証明手習い
Printed in Japan ／ ISBN 978-4-908686-02-3

2017年10月23日	第1版第1刷 発行		印 刷	三美印刷
2025年 3 月15日	第1版第2刷 発行		製 本	三美印刷

著 者　Daniel P.Friedman、Carl Eastlund
監訳者　中野圭介
発行者　鹿野桂一郎
編 集　高尾智絵
制 作　鹿野桂一郎
装 丁　凪小路

発 行　ラムダノート株式会社
　　　　lambdanote.com
　　　　所在地 東京都荒川区西日暮里2-22-1
　　　　連絡先 info@lambdanote.com